개념과 원리를 다지고
계산력을 키우는

왕수학

개념+연산

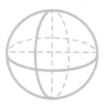

대한민국 수학학력평가의 새로운 기준!!

KMA
한국수학학력평가

| **시험일자** 상반기 | 매년 6월 셋째주
　　　　　　 하반기 | 매년 11월 셋째주

| **응시대상** 초등 1년 ~ 중등 3년 (미취학생 및 상급학년 응시 가능)

| **응시방법** KMA 홈페이지 접수 또는 각 지역별 학원접수처 방문 접수
성적우수자 특전 및 시상 내역 등 기타 자세한 사항은 KMA 홈페이지를 참조하세요.

홈페이지 바로가기
(www.kma-e.com)

▶ 본 평가는 100% 오프라인 평가입니다.

개념과 원리를 다지고
계산력을 키우는

왕수학

개념+연산

2-1

구성과 특징

왕수학의 특징

1. 왕수학 개념+연산 → 왕수학 기본 → 왕수학 실력 → 점프 왕수학 최상위 순으로
   단계별·난이도별 학습이 가능합니다.

2. 개정교육과정 100% 반영하였습니다.

3. 기본 개념 정리와 개념을 익히는 기본문제를 수록하였습니다.

4. 문제 해결력을 키우는 다양한 창의사고력 문제를 수록하였습니다.

5. 논리력 향상을 위한 서술형 문제를 강화하였습니다.

STEP 3

원리척척

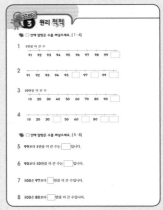

계산력 위주의 문제를 반복
연습하여 계산 능력을 향상
시킵니다.

STEP 2

원리탄탄

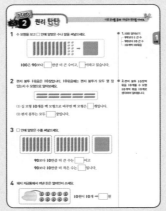

기본 문제를 풀어 보면서 개념
과 원리를 튼튼히 다집니다.

STEP 1

원리꼼꼼

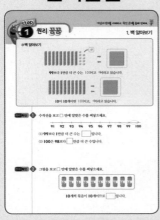

교과서 개념과 원리를 각 주제
별로 익히고 원리 확인 문제를
풀어보면서 개념을 이해합니다.

다음 단계로 고고!

STEP 5

단원평가

STEP 4

유형콕콕

단원별 대표 문제를 풀어서
자신의 실력을 확인해 보고
학교 시험에 대비합니다.

왕수학
기본

다양한 문제를 유형별로 풀어
보면서 실력을 키웁니다.

차례 | Contents

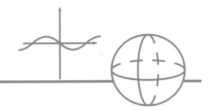

단원 1 세 자리 수

이번에 배울 내용

◁ 이전에 배운 내용

- 9까지의 수
- 50까지의 수
- 100까지의 수

▷ 다음에 배울 내용

- 덧셈과 뺄셈
- 네 자리 수

❀ **백 알아보기**

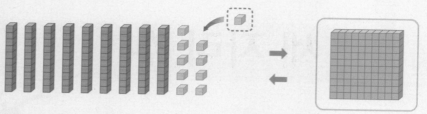

99보다 **1**만큼 더 큰 수는 **100**이고 백이라고 읽습니다.

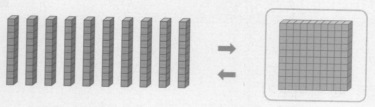

10이 **10**개이면 **100**이고, 백이라고 읽습니다.

원리 확인 **1** 수직선을 보고 □ 안에 알맞은 수를 써넣으세요.

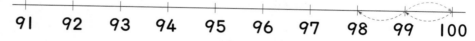

(1) **99**보다 **1**만큼 더 큰 수는 [　] 입니다.

(2) **100**은 **98**보다 [　] 만큼 더 큰 수입니다.

원리 확인 **2** 그림을 보고 □ 안에 알맞은 수를 써넣으세요.

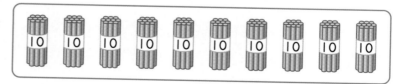

10개씩 묶음이 **10**개이므로 [　] 입니다.

step 2 원리 탄탄

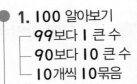

1 수 모형을 보고 □ 안에 알맞은 수나 말을 써넣으세요.

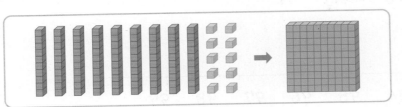

100은 90보다 □ 만큼 더 큰 수이고, □ 이라고 읽습니다.

- **1.** 100 알아보기
  - 99보다 1 큰 수
  - 90보다 10 큰 수
  - 10개씩 10묶음

2 편지 봉투 1묶음은 10장입니다. 10묶음에는 편지 봉투가 모두 몇 장 있는지 수 모형으로 알아보세요.

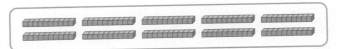

(1) 십 모형 10개를 백 모형으로 바꾸면 백 모형은 □ 개입니다.

(2) 편지 봉투는 모두 □ 장입니다.

- **2.** 편지 봉투 10장씩 묶음 10개를 수 모형 10개씩 묶음 10개로 생각하여 알아봅니다.

3 □ 안에 알맞은 수를 써넣으세요.

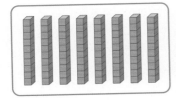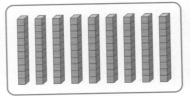

90보다 10만큼 더 큰 수는 □ 이고

90보다 10만큼 더 작은 수는 □ 입니다.

4 돼지 저금통에서 꺼낸 돈은 얼마인지 쓰세요.

10원이 10개 ➡ □ 원

□ 안에 알맞은 수를 써넣으세요. [1~4]

1 1만큼 더 큰 수

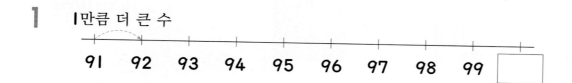

2

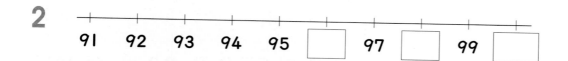

3 10만큼 더 큰 수

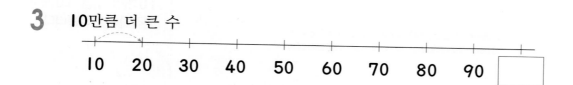

4

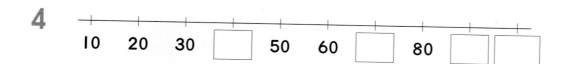

□ 안에 알맞은 수를 써넣으세요. [5~8]

5 99보다 1만큼 더 큰 수는 □입니다.

6 90보다 10만큼 더 큰 수는 □입니다.

7 100은 97보다 □만큼 더 큰 수입니다.

8 100은 80보다 □만큼 더 큰 수입니다.

 □ 안에 알맞은 수를 써넣으세요. [9~14]

9

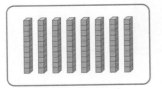

십 모형	일 모형
☐ 개	☐ 개

☐

10

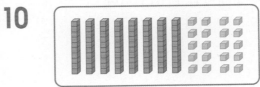

십 모형	일 모형
☐ 개	☐ 개

☐

11

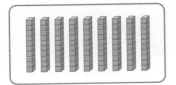

십 모형	일 모형
☐ 개	☐ 개

☐

12

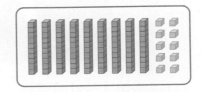

십 모형	일 모형
☐ 개	☐ 개

☐

13

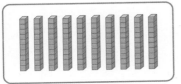

십 모형	일 모형
☐ 개	☐ 개

☐

14

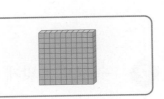

백 모형	십 모형	일 모형
☐ 개	☐ 개	☐ 개

☐

step 1 원리 꼼꼼

2. 몇백 알아보기

🍀 몇백 알아보기

100이 **2**개이면 **200**입니다.
200은 이백이라고 읽습니다.

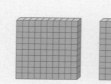

🍀 몇백 읽어보기

100	200	300	400	500	600	700	800	900
백	이백	삼백	사백	오백	육백	칠백	팔백	구백

원리 확인 ① 구슬이 **1**상자에 **100**개씩 들어 있습니다. 모두 몇 개인지 세어 보세요.

(1) 구슬이 **1**상자이면 ☐개입니다.

(2) 구슬이 **2**상자이면 ☐개입니다.

(3) 구슬이 **3**상자이면 ☐개입니다.

(4) 구슬이 **4**상자이면 ☐개입니다.

(5) 구슬이 **5**상자이면 ☐개입니다.

원리 확인 ② 수 모형에 맞게 수를 쓰고 읽어 보세요.

쓰기 : ☐, 읽기 : ☐

1 그림을 보고 □ 안에 알맞은 수를 써넣으세요.

100원짜리 동전이 **7**개이면 □원입니다.

● 100원짜리 동전이 ■개
이면 ■00원입니다.

2 수 모형을 보고 □ 안에 알맞은 수나 말을 써넣으세요.

100이 **6**개이면 □이고, □이라고 읽습니다.

● 2. 몇백 알아보기
100이 1개 ➡ 100
100이 2개 ➡ 200
⋮ ⋮ ⋮
100이 8개 ➡ 800
100이 9개 ➡ 900

3 같은 것끼리 선으로 이어 보세요.

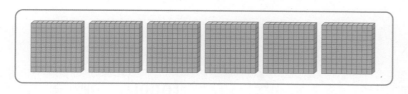

500 ·   · 100이 9개 ·   · 구백

900 ·   · 100이 5개 ·   · 오백

● 3. 100이 ■개이면
■00이고 ■백이라고
읽습니다.

4 보기 에서 알맞은 수를 찾아 □ 안에 써넣으세요.

보기
600   800   300

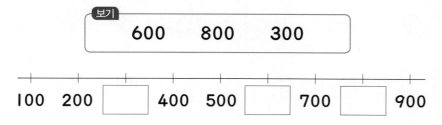

100 200 □ 400 500 □ 700 □ 900

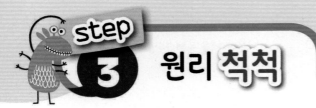

step 3 원리 척척

🍂 □ 안에 알맞은 수를 써넣으세요. [1~6]

1

100이 □ 개인 수

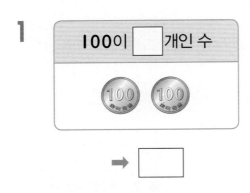

➡ □

2

100이 □ 개인 수

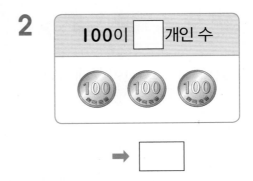

➡ □

3

100이 □ 개인 수

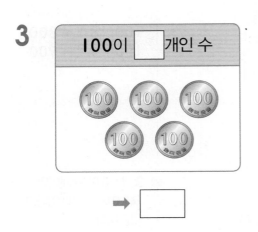

➡ □

4

100이 □ 개인 수

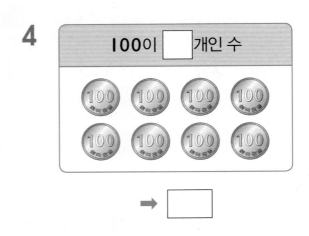

➡ □

5

100이 □ 개인 수

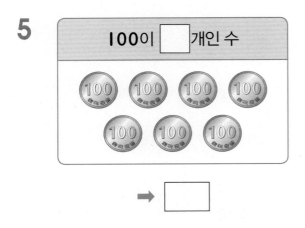

➡ □

6

100이 □ 개인 수

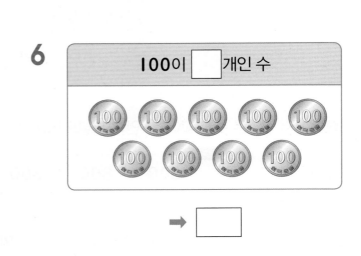

➡ □

🍂 □ 안에 알맞은 말이나 수를 써넣으세요. [7~11]

7 100이 2개이면 ☐ 이고, ☐ 이라고 읽습니다.

8 100이 3개이면 ☐ 이고, ☐ 이라고 읽습니다.

9 100이 5개이면 ☐ 이고, ☐ 이라고 읽습니다.

10 100이 6개이면 ☐ 이고, ☐ 이라고 읽습니다.

11 100이 8개이면 ☐ 이고, ☐ 이라고 읽습니다.

🍂 □ 안에 알맞은 수를 써넣으세요. [12~15]

12 400은 100이 ☐ 개인 수입니다.

13 600은 ☐ 이 6개인 수입니다.

14 800은 100이 ☐ 개인 수입니다.

15 ☐ 은 100이 9개인 수입니다.

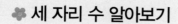

개념과 원리를 이해하고 확인 문제를 통해 익혀요.

3. 세 자리 수 알아보기

❁ 세 자리 수 알아보기

100이 **2**개, 10이 **4**개, 1이 **7**개이면 **247**입니다.

247은 이백사십칠이라고 읽습니다.

❁ 각 자리의 숫자가 나타내는 수 알아보기

247에서

· **2**는 백의 자리 숫자이고, **200**을 나타냅니다.

· **4**는 십의 자리 숫자이고, **40**을 나타냅니다.

· **7**은 일의 자리 숫자이고, **7**을 나타냅니다.

➡ **247 = 200 + 40 + 7**

백의 자리	십의 자리	일의 자리
2	4	7

2	0	0
	4	0
		7

원리 확인 **1** 수 모형을 보고 □ 안에 알맞은 수를 써넣으세요.

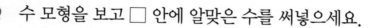

(1) 백 모형은 □ 개, 십 모형은 □ 개, 일 모형은 □ 개입니다.

(2) 수 모형이 나타내는 수는 □ 입니다.

원리 확인 **2** 각 자리의 숫자가 나타내는 수를 알아보세요.

593에서

(1) **5**는 □ 의 자리 숫자이고, □ 을 나타냅니다.

(2) **9**는 □ 의 자리 숫자이고, □ 을 나타냅니다.

(3) **3**은 □ 의 자리 숫자이고, □ 을 나타냅니다.

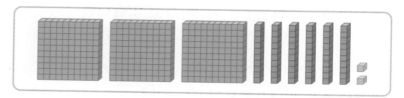

1 모두 얼마인지 알아보세요.

( )

● 1. 100원짜리, 10원 짜리, 1원짜리 동전이 각각 몇 개인지 알아봅 니다.

2 수를 바르게 읽은 말을 찾아 선으로 이어 보세요.

254 ·   · 백오

369 ·   · 삼백육십구

105 ·   · 이백오십사

● 2. 수를 읽을 때 일의 자리 숫자는 자릿값을 읽지 않습니다.

3 숫자 8이 나타내는 값을 쓰세요.

381

( )

● 3. 381에서

백의 자리	십의 자리	일의 자리
3	8	1

4 수 275 에 맞게 □ 안에 알맞은 수를 써넣으세요.

100이 2개	10이 □개	1이 □개
200	□	□

→ 275 = 200 + □ + □

step 3 원리 척척

🍂 □ 안에 알맞은 수를 써넣으세요. [1~4]

1

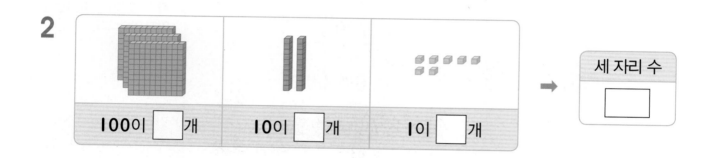

100이 □ 개   10이 □ 개   1이 □ 개   →   세 자리 수 □

2

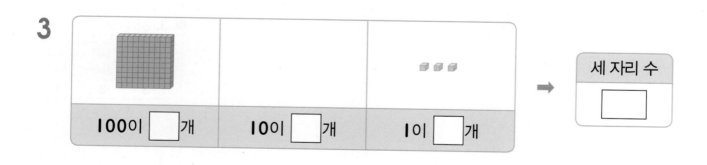

100이 □ 개   10이 □ 개   1이 □ 개   →   세 자리 수 □

3

100이 □ 개   10이 □ 개   1이 □ 개   →   세 자리 수 □

4

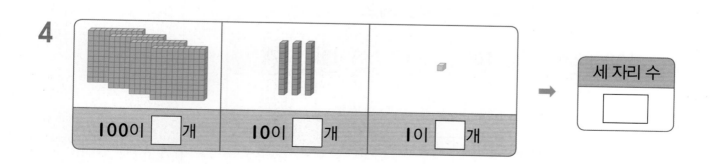

100이 □ 개   10이 □ 개   1이 □ 개   →   세 자리 수 □

🍂 주어진 수만큼 색칠하고 ☐ 안에 알맞은 수를 써넣으세요. [5~7]

5

347

⑩⑩ ⑩⑩ ⑩⑩ ⑩⑩ ⑩⑩ ⑩⑩ ⑩⑩ ⑩⑩ ⑩⑩

⑩ ⑩ ⑩ ⑩ ⑩ ⑩ ⑩ ⑩ ⑩

① ① ① ① ① ① ① ① ①

347 = ☐ + ☐ + ☐

6

245

⑩⑩ ⑩⑩ ⑩⑩ ⑩⑩ ⑩⑩ ⑩⑩ ⑩⑩ ⑩⑩ ⑩⑩

⑩ ⑩ ⑩ ⑩ ⑩ ⑩ ⑩ ⑩ ⑩

① ① ① ① ① ① ① ① ①

245 = ☐ + ☐ + ☐

7

416

⑩⑩ ⑩⑩ ⑩⑩ ⑩⑩ ⑩⑩ ⑩⑩ ⑩⑩ ⑩⑩ ⑩⑩

⑩ ⑩ ⑩ ⑩ ⑩ ⑩ ⑩ ⑩ ⑩

① ① ① ① ① ① ① ①

416 = ☐ + ☐ + ☐

□ 안에 알맞은 수를 써넣으세요. [8~10]

8

백의 자리	십의 자리	일의 자리
3	0	7

↓

3	0	0
	0	0
		7

나타내는 수

백의 자리 숫자 = 3 → ☐

십의 자리 숫자 = 0 → ☐

일의 자리 숫자 = 7 → ☐

9

백의 자리	십의 자리	일의 자리
2	7	8

↓

2	0	0
	7	0
		8

나타내는 수

백의 자리 숫자 = 2 → ☐

십의 자리 숫자 = 7 → ☐

일의 자리 숫자 = 8 → ☐

10

백의 자리	십의 자리	일의 자리
9	6	5

↓

9	0	0
	6	0
		5

나타내는 수

백의 자리 숫자 = 9 → ☐

십의 자리 숫자 = 6 → ☐

일의 자리 숫자 = 5 → ☐

☘ □ 안에 알맞은 수를 써넣으세요. [11~20]

11 100이 **2**개
10이 **4**개 ─이면 □
1이 **3**개

12 100이 **4**개
10이 **7**개 ─이면 □
1이 **8**개

13 100이 **6**개
10이 **7**개 ─이면 □
1이 **4**개

14 100이 **9**개
10이 **9**개 ─이면 □
1이 **5**개

15 100이 **8**개
10이 **9**개 ─이면 □
1이 **0**개

16 100이 **9**개
10이 **9**개 ─이면 □
1이 **9**개

17 382는
100이 □개
10이 □개
1이 □개

18 569는
100이 □개
10이 □개
1이 □개

19 625는
100이 □개
10이 □개
1이 □개

20 907은
100이 □개
10이 □개
1이 □개

step 1 원리 꼼꼼

4. 뛰어서 세기

🌸 뛰어서 세기

- 100씩 뛰어서 세면 백의 자리 숫자가 1씩 커집니다.

  100－200－300－400－500－600－700

- 10씩 뛰어서 세면 십의 자리 숫자가 1씩 커집니다.

  520－530－540－550－560－570－580

- 1씩 뛰어서 세면 일의 자리 숫자가 1씩 커집니다.

  723－724－725－726－727－728－729

🌸 천 알아보기

999보다 1만큼 더 큰 수는 1000입니다. 1000은 천이라고 읽습니다.

원리 확인 1   100원짜리, 10원짜리, 1원짜리 동전이 있습니다. 모두 얼마인지 알아보세요.

(1) 100원짜리 동전을 하나씩 세어 보세요.

100－200－300－400－500－600－□－□－□

(2) 100원짜리 동전을 먼저 세고, 10원짜리 동전을 하나씩 세어 보세요.

910－920－930－940－□－960－□－980－□

(3) 100원짜리 동전과 10원짜리 동전을 먼저 세고, 1원짜리 동전을 하나씩 세어 보세요.

991－992－993－994－995－□－997－□－□

(4) 동전은 모두 얼마인가요?

(   )

1 l씩 뛰어서 세어 보세요.

(1)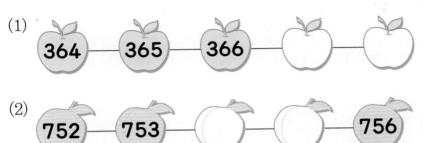

364 — 365 — 366 — ⬜ — ⬜

(2)

752 — 753 — ⬜ — ⬜ — 756

2 l0씩 뛰어서 세어 보세요.

(1)

230 — 240 — ⬜ — 260 — ⬜

(2)

826 — ⬜ — 846 — ⬜ — 866

3 l00씩 뛰어서 세어 보세요.

(1)

500 — 600 — ⬜ — ⬜ — 900

(2)

l20 — 220 — ⬜ — 420 — ⬜

4 ⬜ 안에 알맞은 수나 말을 써넣으세요.

> 999보다 l만큼 더 큰 수는 ⬜ 이고,
> ⬜ 이라고 읽습니다.

- **1.** l씩 뛰어서 세면 일의 자리 숫자가 l씩 커집니다.

- **2.** l0씩 뛰어서 세면 십의 자리 숫자가 l씩 커집니다.

- **3.** l00씩 뛰어서 세면 백의 자리 숫자가 l씩 커집니다.

1

단원

🍂 100씩 뛰어서 세어 보세요. [1~10]

1　200 — 300 — □ — 500 — □ — □ — 800

2　320 — 420 — □ — 620 — □ — 820 — □

3　182 — □ — 382 — □ — 582 — □ — 782

4　□ — 350 — □ — 550 — □ — 750 — □

5　375 — 475 — □ — □ — 775 — □ — □

6　□ — 405 — □ — 605 — □ — 805 — □

7　249 — □ — 449 — □ — 649 — □ — □

8　□ — 494 — 594 — □ — □ — 894 — □

9　265 — 365 — □ — □ — 665 — 765 — □

10　199 — □ — 399 — □ — 599 — □ — 799

1
단원

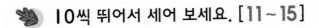

🍃 10씩 뛰어서 세어 보세요. [11~15]

11 225 — 235 — 245 — ⬜ — 265 — ⬜ — 285

12 340 — 350 — ⬜ — ⬜ — 380 — 390 — ⬜

13 657 — ⬜ — 677 — 687 — ⬜ — ⬜ — 717

14 432 — 442 — ⬜ — ⬜ — ⬜ — 482 — 492

15 786 — 796 — ⬜ — ⬜ — 826 — ⬜ — 846

🍃 1씩 뛰어서 세어 보세요. [16~18]

16 171 — 172 — ⬜ — ⬜ — 175 — 176 — ⬜

17 697 — 698 — ⬜ — ⬜ — 701 — 702 — ⬜

18 993 — ⬜ — 995 — ⬜ — 997 — 998 — ⬜

19 ⬜ 안에 알맞은 수를 써넣으세요.

1000은 ┌ 999보다 ⬜ 만큼 더 큰 수입니다.
       ├ 990보다 ⬜ 만큼 더 큰 수입니다.
       └ 900보다 ⬜ 만큼 더 큰 수입니다.

- 백의 자리 숫자가 큰 수가 큽니다.

$$168 < 235$$
$$1 < 2$$

- 백의 자리 숫자가 같을 때에는 십의 자리 숫자가 큰 수가 큽니다.

$$476 > 439$$
$$7 > 3$$

- 백의 자리 숫자와 십의 자리 숫자가 각각 같을 때에는 일의 자리 숫자가 큰 수가 큽니다.

$$313 < 316$$
$$3 < 6$$

원리 확인 1 구슬을 현규는 **216**개, 유승이는 **158**개 가지고 있습니다. 누가 구슬을 더 많이 가지고 있는지 수 모형으로 나타내어 알아보세요.

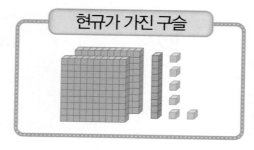

현규가 가진 구슬

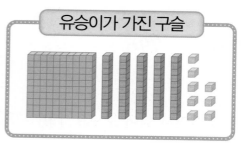

유승이가 가진 구슬

(1) 수 모형으로 나타낸 것을 보고 두 수의 크기를 비교하려면 (백, 십, 일) 모형의 개수를 비교합니다.

(2) 백 모형의 수를 비교하면 현규가 유승이보다 더 (적습니다 , 많습니다).

(3) **216**은 **158**보다 (작습니다, 큽니다).

(4) 어느 수가 더 큰지 ○ 안에 > , < 를 알맞게 써넣으세요.

216 ○ **158**

(5) 누가 구슬을 더 많이 가지고 있나요?

(   )

1 수 모형을 보고 두 수의 크기를 비교하여 ○ 안에 >, <를 알맞게 써넣으세요.

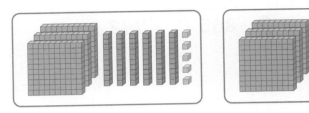

365 ◯ 349

● **1.** 백 모형의 수가 같으면 십 모형의 수를 비교합니다.

2 수 모형을 보고 알맞은 말에 ○표 하세요.

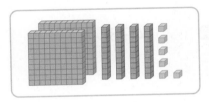 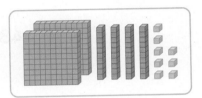

(1) **246**은 **248**보다 (작습니다, 큽니다).

(2) **248**은 **246**보다 (작습니다, 큽니다).

● **2.** 백 모형의 수와 십 모형의 수가 각각 같으면 일 모형의 수를 비교합니다.

3 알맞은 말에 ○표 하세요.

(1) **198 < 306**

➡ **198**은 **306**보다 (작습니다, 큽니다).

(2) **572 > 543**

➡ **572**는 **543**보다 (작습니다, 큽니다).

4 다음을 >, <를 사용하여 나타내 보세요.

(1) **964**는 **785**보다 큽니다. ➡ **964** ◯ **785**

(2) **824**는 **826**보다 작습니다. ➡ **824** ◯ **826**

● **4.** '>'의 벌어진 부분이 큰 수 쪽으로 향해야 합니다.

🍃 두 수의 크기를 비교하여 ○ 안에 >, =, <를 알맞게 써넣으세요. [1~14]

1 345 ◯ 297

2 865 ◯ 793

3 602 ◯ 736

4 587 ◯ 691

5 159 ◯ 111

6 482 ◯ 498

7 777 ◯ 709

8 900 ◯ 924

9 831 ◯ 830

10 639 ◯ 633

11 546 ◯ 547

12 759 ◯ 750

13 809 ◯ 810

14 650 ◯ 648

1
단원

가장 큰 수를 찾아 ○표 하세요. [15~22]

15 437 297 315

16 625 584 710

17 476 492 458

18 762 785 801

19 821 659 742

20 697 597 619

21 639 657 670

22 900 896 799

가장 작은 수를 찾아 △표 하세요. [23~28]

23 297 254 260

24 491 500 485

25 697 541 725

26 523 611 592

27 972 986 916

28 589 617 704

숫자 카드를 모두 사용하여 세 자리 수를 만들려고 합니다. □ 안에 알맞은 숫자를 써넣으세요. [29~33]

29 | 2 | 1 | 3 | →

| 1 | 2 | 3 |
| 1 | | |

| 2 | 1 | 3 |
| 2 | | |

| 3 | 1 | 2 |
| 3 | | |

30 | 6 | 4 | 7 | →

| 4 | | |
| | | |

| 6 | | |
| | | |

| 7 | | |
| | | |

31 | 8 | 9 | 3 | →

| | | |
| | | |

| | | |
| | | |

| | | |
| | | |

32 | 4 | 0 | 6 | →

| 4 | | |
| 4 | | |

| 6 | | |
| 6 | | |

33 | 7 | 5 | 0 | →

| | | |
| | | |

| | | |
| | | |

🍃 숫자 카드를 모두 사용하여 가장 큰 세 자리 수와 가장 작은 세 자리 수를 각각 만들어 보세요. [34~38]

34

가장 큰 세 자리 수 ➡ ☐

가장 작은 세 자리 수 ➡ ☐

35

가장 큰 세 자리 수 ➡ ☐

가장 작은 세 자리 수 ➡ ☐

36

가장 큰 세 자리 수 ➡ ☐

가장 작은 세 자리 수 ➡ ☐

37

가장 큰 세 자리 수 ➡ ☐

가장 작은 세 자리 수 ➡ ☐

38

가장 큰 세 자리 수 ➡ ☐

가장 작은 세 자리 수 ➡ ☐

01 수 모형을 보고 □ 안에 알맞은 수를 써넣으세요.

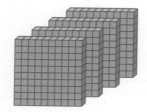

100이 4개이면 [   ]입니다.

02 관계있는 것끼리 선으로 이어 보세요.

(100이 2개) ·

(100이 3개) ·

(100이 5개) ·

03 □ 안에 알맞은 수를 써넣으세요.

(1) 100이 [   ]개이면 700입니다.

(2) 900은 [   ]이 9개인 수입니다.

04 수를 읽어 보세요.

(1) 800 ➡ _____

(2) 600 ➡ _____

05 □ 안에 알맞은 수를 써넣으세요.

(1) 100이 2개 ⎤
    10이 6개 ⎬ 이면 [   ]
    1이 4개 ⎦

(2)
    ⎡ 100이 [   ]개
516은 ⎨ 10이 [   ]개
    ⎣ 1이 [   ]개

06 □ 안에 알맞은 수를 써넣으세요.

┌─────────────────┐
│   492   │
└─────────────────┘

(1) 백의 자리 숫자 [   ]는 [   ]을 나타냅니다.

(2) 십의 자리 숫자 [   ]는 [   ]을 나타냅니다.

(3) 일의 자리 숫자 [   ]는 [   ]를 나타냅니다.

07 수를 읽어 보세요.

(1) 657 ➡ _____

(2) 905 ➡ _____

08 수로 써 보세요.

(1) 이백구십사 ➡ _____

(2) 삼백육 ➡ _____

09 I씩 뛰어서 세어 보세요.

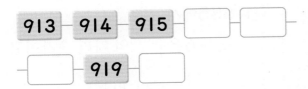

913 — 914 — 915 — ☐ — ☐

☐ — 919 — ☐

10 10씩 뛰어서 세어 보세요.

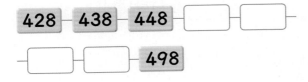

428 — 438 — 448 — ☐ — ☐

☐ — ☐ — 498

11 100씩 뛰어서 세어 보세요.

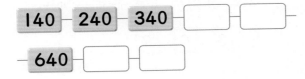

140 — 240 — 340 — ☐ — ☐

640 — ☐ — ☐

12 100씩 거꾸로 뛰어서 세어 보세요.

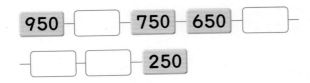

950 — ☐ — 750 — 650 — ☐

☐ — ☐ — 250

13 빈칸에 알맞은 수를 써넣으세요.

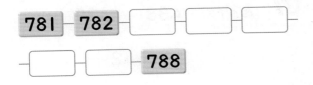

781 — 782 — ☐ — ☐ — ☐

☐ — ☐ — 788

14 두 수의 크기를 비교하여 ○ 안에 >, <를 알맞게 써넣으세요.

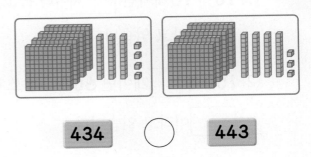

434 ○ 443

15 알맞은 말에 ○표 하세요.

(1) **843**은 **284**보다
(큽니다, 작습니다).

(2) **614**는 **618**보다
(큽니다, 작습니다).

16 수의 크기를 비교하여 가장 큰 수에는 ○표, 가장 작은 수에는 △표 하세요.

627   598   619

17 ☐ 안에 들어갈 수 있는 숫자를 모두 찾아 ○표 하세요.

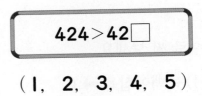

424>42☐

(I,   2,   3,   4,   5)

01 □ 안에 알맞은 수나 말을 써넣으세요.

(1) 10이 10개이면 ☐ 이라 쓰고,

☐ 이라고 읽습니다.

(2) 100이 ☐ 개이면 600이라 쓰고,

☐ 이라고 읽습니다.

02 □ 안에 알맞은 수를 써넣으세요.

(1) 100이 9개 ─┐
   10이 2개 ─┤ 이면 ☐
   1이 7개 ─┘

(2)
   ┌ 100이 ☐ 개
   736은 ─┤ 10이 ☐ 개
   └ 1이 ☐ 개

03 수를 읽어 보세요.

(1) 591 ➡ ( )

(2) 907 ➡ ( )

04 수로 써 보세요.

(1) 육백이십육 ➡ ( )

(2) 팔백구 ➡ ( )

05 □ 안에 알맞은 수나 말을 써넣으세요.

(1) 635에서

숫자 6은 ☐ 의 자리 숫자이고,

☐ 을 나타냅니다.

(2) 572에서

숫자 7은 ☐ 의 자리 숫자이고,

☐ 을 나타냅니다.

06 숫자 카드를 한 번씩 사용하여 만들 수 있는 세 자리 수를 모두 쓰세요.

(1) 3 0 9

( )

(2) 5 4 0

( )

🌾 뛰어 세는 규칙을 찾아 빈 곳에 알맞은 수를 써넣으세요. [07~09]

07
437 — 438 — 439 — ☐

☐ — 442 — ☐

1 단원

08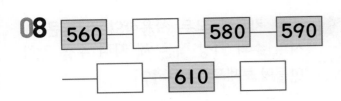

| 560 | | 580 | 590 |

| | 610 | |

09

| 386 | 486 | | |

| | 886 | |

10 □ 안에 알맞은 수를 써넣으세요.

790보다

1만큼 더 큰 수는 [ ],

10만큼 더 큰 수는 [ ],

100만큼 더 큰 수는 [ ]입니다.

11 □ 안에 알맞은 수를 써넣으세요.

412보다

1만큼 더 작은 수는 [ ],

10만큼 더 작은 수는 [ ],

100만큼 더 작은 수는 [ ]입니다.

12 □ 안에 알맞은 수나 말을 써넣으세요.

999보다 1만큼 더 큰 수를 [ ]

이라 쓰고, [ ]이라고 읽습니다.

13 두 수의 크기를 비교하여 ○ 안에 >, <를 알맞게 써넣으세요.

(1) 879 ◯ 793

(2) 636 ◯ 663

14 397보다 크고 401보다 작은 수를 모두 쓰세요.

( )

15 769보다 크고 775보다 작은 수를 모두 쓰세요.

( )

16 일부가 보이지 않는 수가 있습니다.
○ 안에 >, <를 알맞게 써넣으세요.

(1) 87■ ○ 869

(2) 605 ○ 6■9

17 가장 큰 수에 ○표, 가장 작은 수에 △표 하세요.

(1)

| 628 | 619 | 631 |

(2)

| 725 | 914 | 803 |

🍃 숫자 카드를 모두 사용하여 가장 큰 세 자리 수와 가장 작은 세 자리 수를 각각 만들어 보세요. [18~19]

18

4 7 6

가장 큰 세 자리 수 ( )
가장 작은 세 자리 수 ( )

19

0 5 8

가장 큰 세 자리 수 ( )
가장 작은 세 자리 수 ( )

20 □ 안에 알맞은 수를 써넣으세요.

947은 백 모형 9개, 십 모형 □개,
일 모형 17개로 나타낼 수 있습니다.

단원 2 여러 가지 도형

이번에 배울 내용

1 삼각형 알아보기

2 사각형 알아보기

3 원 알아보기

4 칠교판으로 모양 만들기

5 쌓은 모양을 알아보기

6 여러 가지 모양으로 쌓아보기

< 이전에 배운 내용

• ▲, ■, ● 모양 알아보기

> 다음에 배울 내용

• 여러 가지 삼각형과 사각형 알아보기
• 원의 구성 요소 알아보기
• 다각형 알아보기
• 쌓기나무로 만든 입체도형의 위, 앞, 옆에서 본 모양 알아보기

 원리 꼼꼼

개념과 원리를 이해하고 확인 문제를 통해 익혀요.

삼각형 알아보기

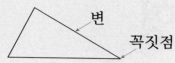

- 곧은 선 **3**개로 둘러싸인 도형을 삼각형이라고 합니다.
- 도형에서 뾰족한 부분을 꼭짓점이라 하고 곧은 선을 변이라고 합니다.
- 삼각형에는 꼭짓점이 **3**개, 변이 **3**개 있습니다.

 • 삼각형이 아닌 경우

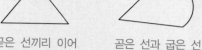

곧은 선끼리 이어지지 않았습니다.　곧은 선과 굽은 선이 모두 있습니다.

삼각형 그리기

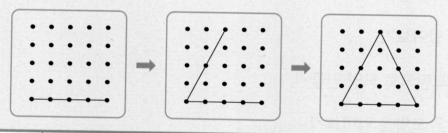

세 점을 곧은 선으로 이어서 삼각형을 그립니다.

원리 확인 1 **3**개의 곧은 선으로 둘러싸인 도형을 모두 찾아 ○표 하세요.

   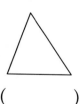

(　　) (　　) (　　) (　　)

원리 확인 2 그림과 같이 **3**개의 곧은 선으로 둘러싸인 도형을 무엇이라고 하나요?

  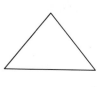

(　　　　　)

1 □ 안에 알맞은 말을 써넣으세요.

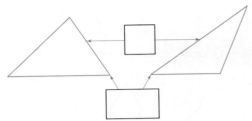

2 삼각형에서 변과 꼭짓점의 수를 각각 세어 보세요.

변: □ 개

꼭짓점: □ 개

2. 삼각형은 **3**개의 곧은 선으로 둘러싸여 있습니다.

3 삼각형을 모두 찾아 색칠하세요.

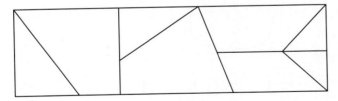

4 삼각형 모양이 들어 있는 물건을 찾아 **3**개만 쓰세요.

(   )

4. 본을 떠 그린 모양이 △ 모양인 물건을 찾아봅니다.

step 3 원리 척척

🍂 설명에 알맞은 도형을 모두 찾아 ○표 하세요. [1~2]

1

3개의 곧은 선으로 둘러싸인 도형

2

뾰족한 부분이 3개인 도형

🍂 삼각형을 찾아 ○표 하세요. [3~4]

3

(   )   (   )   (   )   (   )

4

 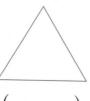 

(   )   (   )   (   )   (   )

5 점 종이 위에 서로 다른 삼각형을 그려 보세요.

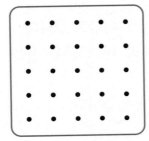
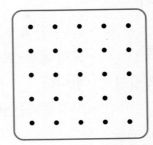

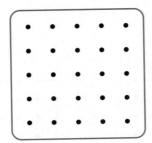
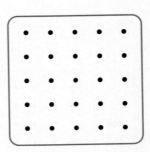

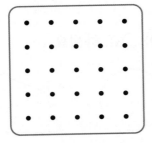
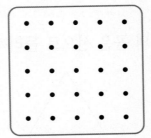

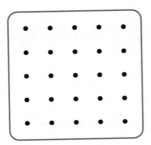
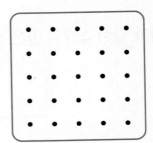

♣ 사각형 알아보기

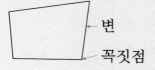

← 변

꼭짓점

- 곧은 선 **4**개로 둘러싸인 도형을 사각형이라고 합니다.
- 도형에서 뾰족한 부분을 꼭짓점이라 하고 곧은 선을 변이라고 합니다.
- 사각형에는 꼭짓점이 **4**개, 변이 **4**개 있습니다.

참고 • 사각형이 아닌 경우

곧은 선과 굽은 선이 모두 있습니다.

곧은 선끼리 이어 지지 않았습니다.

♣ 사각형 그리기

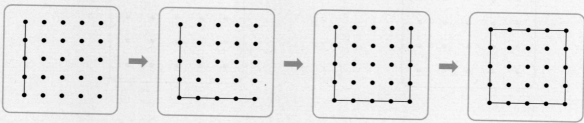

네 점을 곧은 선으로 이어서 사각형을 그립니다.

원리 확인 **4**개의 곧은 선으로 둘러싸인 도형을 모두 찾아 ○표 하세요.

   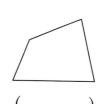

(   ) (   ) (   ) (   )

원리 확인 그림과 같이 **4**개의 곧은 선으로 둘러싸인 도형을 무엇이라고 하나요?

(   )

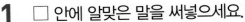
1 □ 안에 알맞은 말을 써넣으세요.

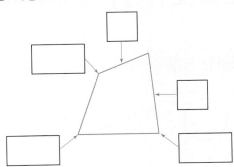

2 사각형에서 변과 꼭짓점의 수를 각각 세어 보세요.

변: □ 개

꼭짓점: □ 개

● **2.** 사각형은 **4**개의 곧은 선으로 둘러싸였습니다.

3 사각형을 모두 찾아 색칠하세요.

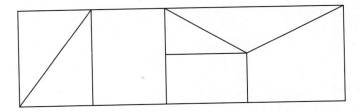

4 사각형 모양이 들어 있는 물건을 찾아 **3**개만 쓰세요.

( )

● **4.** 본을 떠 그린 모양이 □ 모양인 물건을 찾아봅니다.

원리 척척

🍃 설명에 알맞은 도형을 모두 찾아 ○표 하세요. [1~2]

1

4개의 곧은 선으로 둘러싸인 도형

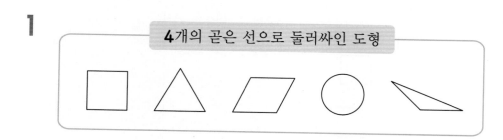

2

뾰족한 부분이 4개인 도형

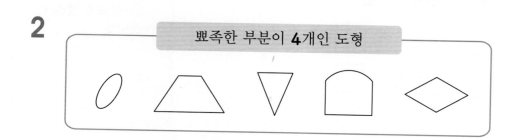

🍃 사각형을 찾아 ○표 하세요. [3~4]

3

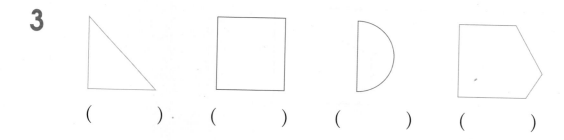

( ) ( ) ( ) ( )

4

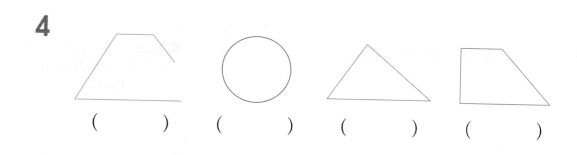

( ) ( ) ( ) ( )

5 점 종이 위에 서로 다른 사각형을 그려 보세요.

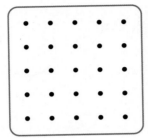

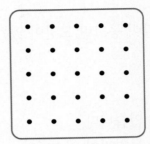

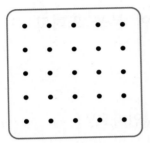

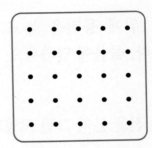

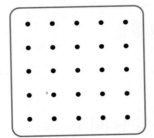

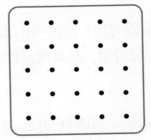

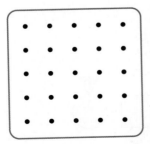

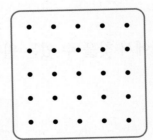

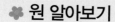
✿ 원 알아보기

오른쪽 그림과 같이 동그란 모양이 있는 물건의 본을 뜬 도형을 원이라고 합니다.

✿ 원의 특징

• 뾰족한 부분이 없습니다.
• 굽은 선으로만 둘러싸여 있습니다.
• 모양은 모두 같고, 크기만 다릅니다.

 원리 확인 1 종이 위에 동전을 놓고 오른쪽 그림과 같이 본을 뜨려고 합니다. 물음에 답하세요.

(1) 동전을 본떠 그린 모양과 같은 것은 어느 것인가요? (   )

① △   ② ○   ③ □   ④ ☆

(2) 위와 같이 본을 떠 그린 동그란 모양의 도형을
(삼각형, 사각형, 원)이라고 합니다.

(3) 원에는 뾰족한 점과 곧은 선이 (있습니다, 없습니다).

원리 확인 2 도형에서 찾을 수 있는 원은 모두 몇 개인가요?

(   )

2
단원

1 원을 모두 찾아 기호를 쓰세요.

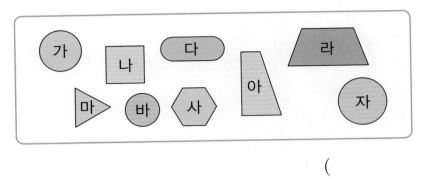

( )

● **1.** 동전의 면과 같이 동그란 모양을 원이라고 합니다.

2 그림에서 찾을 수 있는 원은 모두 몇 개인가요?

( )

● **2.** 원에 색칠을 해가며 빠뜨리지 않고 셉니다.

3 원 모양이 들어 있는 물건을 찾아 **3**개만 쓰세요.

( )

본을 떠 그린 모양이 동그란 물건을 찾아봐!

step 3 원리 척척

1 본을 떠서 원을 그릴 수 있는 것에 ◯표 하세요.

(   )   (   )   (   )   (   )

2 원을 모두 찾아 기호를 쓰세요.

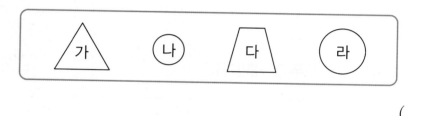

(   )

3 원을 찾아 ◯표 하세요.

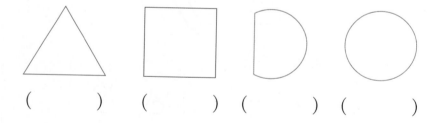

(   )   (   ) (   ) (   )

4 그림에서 원을 모두 찾아 색칠하세요.

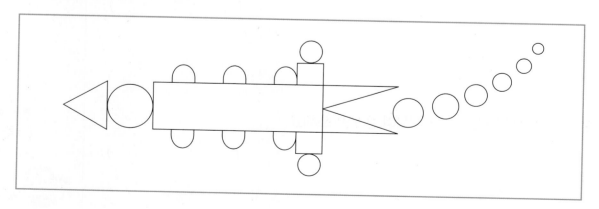

색종이로 다음과 같은 모양을 꾸몄습니다. 그림에서 찾을 수 있는 원의 개수를 ☐ 안에 써넣으세요.[5~12]

5

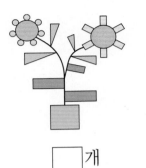

☐ 개

6

☐ 개

7

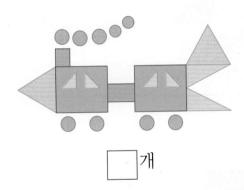

☐ 개

8

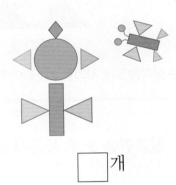

☐ 개

9

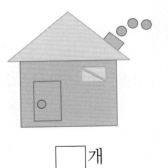

☐ 개

10

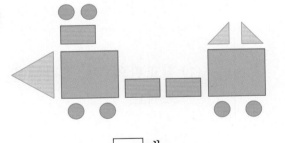

☐ 개

11

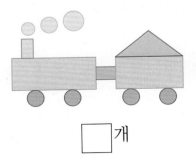

☐ 개

12

☐ 개

원리 꼼꼼

4. 칠교판으로 모양 만들기

❀ 칠교판을 이용하여 여러 가지 모양 만들기

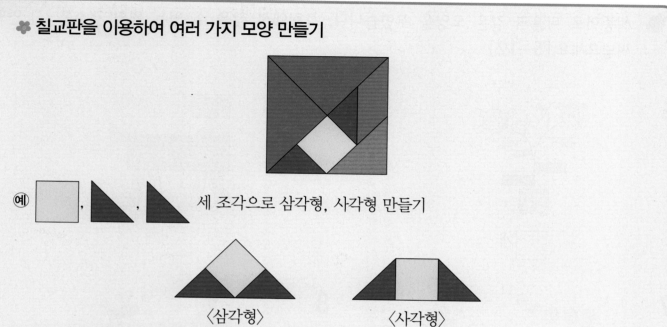

예 ▢ , ◣ , ◢   세 조각으로 삼각형, 사각형 만들기

〈삼각형〉   〈사각형〉

참고 칠교판은 삼각형 **5**개, 사각형 **2**개로 이루어져 있습니다.

원리 확인 **1** 칠교판을 보고 물음에 답하세요.

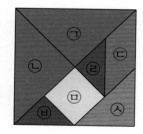

(1) 칠교판의 각 조각들을 보고 삼각형과 사각형을 모두 찾아 각각 기호를 쓰세요.

삼각형 (   )

사각형 (   )

(2) 칠교판의 ◣ , ◢ 을 이용하여 도형을 만들어 보세요.

삼각형	사각형

원리 **탄탄**

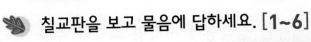

칠교판을 보고 물음에 답하세요. [1~6]

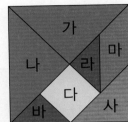

1 칠교판의 조각 중에서 노란색 조각은 어떤 도형인지 이름을 찾아 ○표 하세요.

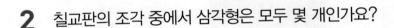

| 삼각형 | 사각형 | 원 |

1. 노란색 조각은 곧은 선이 몇 개인지 알아봅니다.

2 칠교판의 조각 중에서 삼각형은 모두 몇 개인가요?

( )

3 칠교판 조각 중에서 사각형은 모두 몇 개인가요?

( )

4 크기가 가장 작은 조각은 어떤 도형인지 이름을 쓰세요.

( )

5 크기가 가장 큰 조각은 무슨 색인가요?

( )

6 라, 마, 바 조각을 이용하여 삼각형을 만들어 보세요.

칠교판의 조각을 이용하여 만든 모양입니다. 이용한 삼각형과 사각형 조각의 수를 각각 구하세요. [1~8]

1
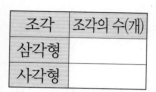

조각	조각의 수(개)
삼각형	
사각형	

2
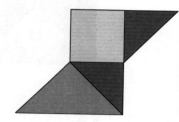

조각	조각의 수(개)
삼각형	
사각형	

3

조각	조각의 수(개)
삼각형	
사각형	

4

조각	조각의 수(개)
삼각형	
사각형	

5

조각	조각의 수(개)
삼각형	
사각형	

6

조각	조각의 수(개)
삼각형	
사각형	

7

조각	조각의 수(개)
삼각형	
사각형	

8
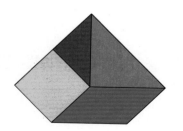

조각	조각의 수(개)
삼각형	
사각형	

오른쪽 칠교판을 보고 물음에 답하세요. [9~11]

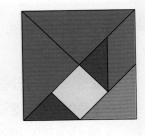

2
단원

9 칠교판의 ◣ , ◢ , ▢ 세 조각을 모두 이용하여 도형을 만들어 보세요.

삼각형	사각형

10 칠교판의 ◣ , ◢ , ◤ 세 조각을 모두 이용하여 도형을 만들어 보세요.

삼각형	사각형

11 칠교판의 ▢ , ▰ , ◣ , ◢ 네 조각을 모두 이용하여 사각형을 만들어 보세요.

사각형

step 1 원리 꼼꼼

5. 쌓은 모양을 알아보기

쌓기나무로 쌓은 전체 모양, 쌓기나무의 위치, 쌓기나무의 개수를 보고 쌓은 모양과 똑같이 쌓아 봅니다.

- **2**층으로 쌓았습니다.
- **1**층에 **3**개, **2**층 가운데에 **1**개를 쌓았습니다.
- 쌓기나무의 개수는 모두 **4**개입니다.

원리 확인 1 오른쪽 모양을 보고 물음에 답하세요.

(1) 몇 층으로 쌓은 모양인가요?　　　　　　(　　　　　)

(2) **1**층에는 몇 개의 쌓기나무를 쌓았나요?　　　(　　　　　)

(3) **2**층에는 몇 개의 쌓기나무를 쌓았나요?　　　(　　　　　)

(4) 똑같이 쌓으려면 쌓기나무는 모두 몇 개 필요한가요?　(　　　　　)

(5) 쌓은 모양을 보고 똑같이 쌓은 모양에 ○표 하세요.

　　　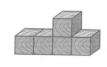

(　　　)　　　(　　　)

원리 확인 2 왼쪽 모양과 똑같이 오른쪽에 쌓기나무를 쌓으려고 합니다. 더 필요한 쌓기 나무는 몇 개인가요?

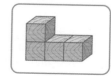　　　　　

(　　　　　)

1 보기 와 똑같이 쌓은 사람은 누구인가요?

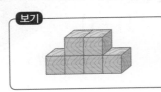

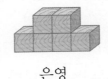

은영

미송

(   )

● **1.** 쌓기나무로 쌓은 전체 모양, 쌓기나무의 위치, 쌓기나무의 개수를 살펴봅니다.

2 왼쪽 모양과 똑같은 모양으로 쌓기나무를 쌓으려고 합니다. 어느 부분에 쌓기나무 한 개를 더 쌓아야 하는지 기호를 쓰세요.

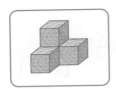

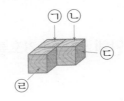

(   )

● **2.** 왼쪽 모양과 오른쪽 모양을 살펴보고 다른 부분이 어디인지 찾아봅니다.

3 왼쪽 모양과 똑같은 모양으로 쌓기나무를 만들려고 합니다. 오른쪽 모양에서 빼내야 할 쌓기나무에 ○표 하세요.

● **3.** 왼쪽 모양과 같은 부분을 오른쪽 모양에서 찾은 다음 그 부분을 제외한 나머지 쌓기나무를 알아봅니다.

4 오른쪽 모양과 똑같은 모양으로 쌓기나무를 쌓으려면 쌓기나무가 모두 몇 개 필요한가요?

(   )

● **4.** 층별로 쌓기나무의 개수를 알아봅니다.

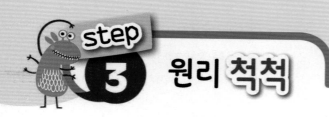
쌓기나무로 쌓은 모양을 보고 ☐ 안에 알맞은 기호를 써넣으세요.
[1~3]

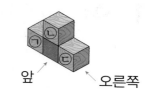

1 빨간색 쌓기나무의 왼쪽에 있는 쌓기나무는 ☐입니다.

2 빨간색 쌓기나무의 위쪽에 있는 쌓기나무는 ☐입니다.

3 빨간색 쌓기나무의 오른쪽에 있는 쌓기나무는 ☐입니다.

쌓기나무로 쌓은 모양을 보고 ☐ 안에 알맞은 기호를 써넣으세요.
[4~7]

4 빨간색 쌓기나무의 왼쪽에 있는 쌓기나무는 ☐입니다.

5 빨간색 쌓기나무의 오른쪽에 있는 쌓기나무는 ☐입니다.

6 빨간색 쌓기나무의 앞에 있는 쌓기나무는 ☐입니다.

7 빨간색 쌓기나무의 뒤에 있는 쌓기나무는 ☐입니다.

8 빨간색 쌓기나무의 위에 있는 쌓기나무를 찾아 ○표 하세요.

(1)

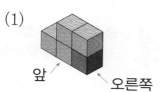

(2)

9 □ 안에 알맞은 말이나 수를 써넣으세요.

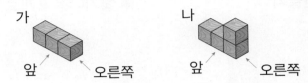

가 모양을 나 모양과 똑같은 모양으로 쌓으려면 가장 [   ] 쌓기나무 위에 쌓기나무

[   ] 개를 더 쌓아야 합니다.

10 왼쪽 모양을 오른쪽 모양과 똑같은 모양으로 쌓으려고 합니다. 쌓기나무를 더 쌓아야 하는 곳을 찾아 번호를 쓰세요.

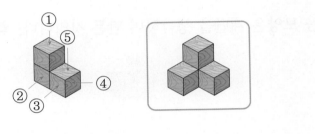

(   )

11 왼쪽 모양을 오른쪽 모양과 똑같은 모양으로 쌓으려고 합니다. 쌓기나무를 더 쌓아야 하는 곳을 찾아 번호를 쓰세요.

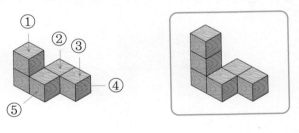

(   )

12 왼쪽 모양을 오른쪽 모양과 똑같은 모양으로 만들려고 합니다. 빼내야 할 쌓기나무를 찾아 번호를 쓰세요.

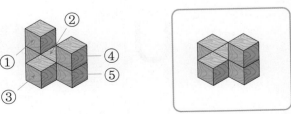

(   )

step 1 원리 꼼꼼

6. 여러 가지 모양으로 쌓아보기

✿ 쌓기나무 **3**개로 만들기

✿ 쌓기나무 **4**개로 만들기

✿ 쌓기나무 **5**개로 만들기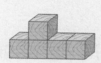

✿ 쌓기나무 **6**개로 만들기

원리 확인 1 다음 모양은 계단을 생각하며 만든 것입니다. 쌓기나무 몇 개로 만든 것인가요?

 →

( )

원리 확인 2 다음 모양은 건물을 생각하며 만든 것입니다. 쌓기나무 몇 개로 만든 것인가요?

 →

( )

원리 확인 3 다음 모양은 알파벳 'U'자를 생각하며 만든 것입니다. 쌓기나무 몇 개로 만든 것인가요?

U →

( )

1 쌓기나무 **4**개로 보기의 트럭을 생각하며 만든 것에 ○표 하세요.

(   )   (   )

2 쌓기나무 **6**개로 보기의 빌딩을 생각하며 만든 것에 ○표 하세요.

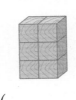 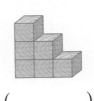

(   )   (   )

🍃 쌓기나무로 쌓은 모양을 보고 물음에 답하세요. [3~4]

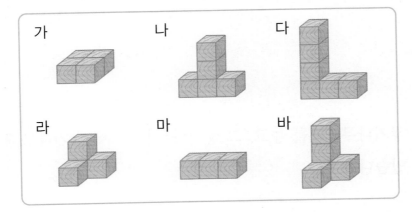

3 쌓기나무 **3**개로 쌓은 모양을 찾아 기호를 쓰세요.

(   )

4 쌓기나무 **4**개로 쌓은 모양을 모두 찾아 기호를 쓰세요.

(   )

1. 쌓기나무로 여러 가지 모양을 만들어 봅니다.

2. 쌓기나무의 개수가 같으므로 모양을 보고 찾습니다.

3. 쌓기나무의 개수를 하나씩 세어 봅니다.

2
단원

🌿 쌓은 모양을 설명한 것입니다. 보기 에서 알맞은 말을 골라 □ 안에 써넣으세요. [1~4]

보기

위, 앞, 뒤, 오른쪽, 왼쪽

1

앞　오른쪽

Ⅰ층에 **3**개를 쌓고, □과 □ 쌓기나무 위에 쌓기나무를 Ⅰ개씩 더 놓았습니다.

2

앞　오른쪽

쌓기나무 **3**개를 옆으로 나란히 놓고, 오른쪽 쌓기나무의 □에 쌓기나무 Ⅰ개를 더 놓았습니다.

3

앞　오른쪽

쌓기나무 Ⅰ개를 놓고, 그 쌓기나무 □에 쌓기나무 **3**개를 쌓았습니다.

4

앞　오른쪽

Ⅰ층에 쌓기나무 **3**개를 나란히 놓은 뒤 가운데 쌓기나무의 □에 Ⅰ개를 더 놓았습니다.

5 □ 안에 알맞은 이름을 써넣으세요.

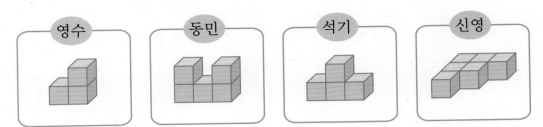

(1) 쌓기나무 **3**개로 모양을 만든 학생은 □ 입니다.

(2) 쌓기나무 **4**개로 모양을 만든 학생은 □ 입니다.

(3) 쌓기나무 **5**개로 모양을 만든 학생은 □ 입니다.

(4) 쌓기나무 **6**개로 모양을 만든 학생은 □ 입니다.

6 쌓기나무로 쌓은 모양을 보고 물음에 답하세요.

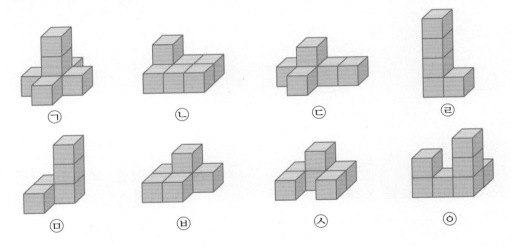

(1) 쌓기나무 **5**개로 쌓은 모양을 모두 찾아 기호를 쓰세요.

( )

(2) 쌓기나무 **6**개로 쌓은 모양을 모두 찾아 기호를 쓰세요.

( )

(3) 쌓기나무 **7**개로 쌓은 모양을 모두 찾아 기호를 쓰세요.

( )

01 삼각형을 모두 찾아 기호를 쓰세요.

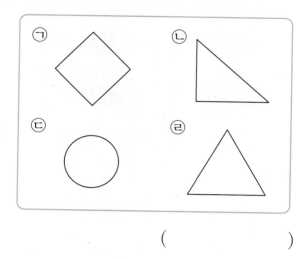

(   )

02 사각형을 모두 찾아 기호를 쓰세요.

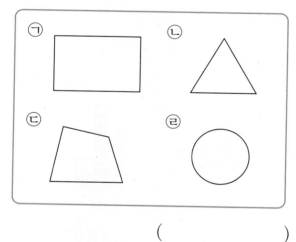

(   )

03 원을 모두 찾아 기호를 쓰세요.

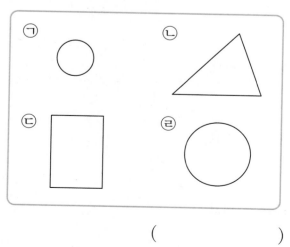

(   )

04 다음 그림에서 삼각형은 모두 몇 개인지 구하세요.

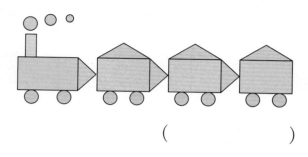

(   )

05 다음에서 사각형을 모두 찾아 기호를 쓰세요.

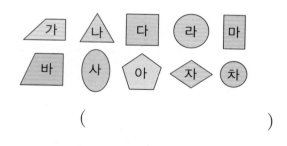

(   )

06 색종이를 오려서 다음과 같은 모양을 만들었습니다. 사용한 도형이 각각 몇 개인지 쓰세요.

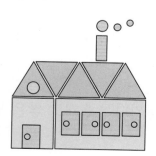

도형	삼각형	사각형	원
개수(개)			

07 오른쪽 모양과 똑같이 쌓은 것을 찾아 기호를 쓰세요.

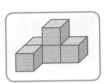

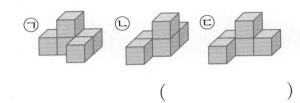

( )

08 같은 모양끼리 선으로 이어 보세요.

 · ·

 · ·

 · ·

09 왼쪽 모양과 똑같이 쌓으려면 오른쪽 모양에서 더 쌓아야 할 곳의 기호를 모두 쓰세요.

( )

10 쌓기나무 **7**개로 오른쪽과 같은 모양을 만들려면 왼쪽 모양에 몇 개를 더 쌓아야 하나요?

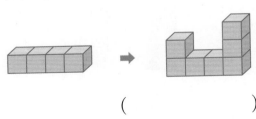

( )

11 쌓기나무 **4**개로 만들 수 있는 모양을 모두 찾아 기호를 쓰세요.

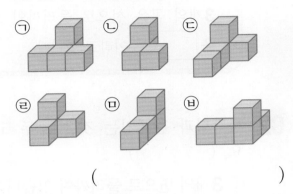

( )

12 쌓기나무 **6**개로 만든 모양이 <u>아닌</u> 것은 어느 것인가요? ( )

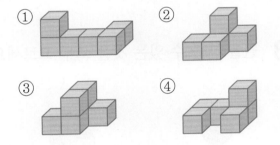

13 오른쪽 모양은 쌓기나무 몇 개로 쌓았나요?

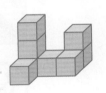

( )

14 쌓기나무의 개수가 가장 많은 것은 어느 것인가요? ( )

 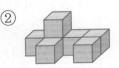

01 □ 안에 알맞은 말을 써넣으세요.

> **3**개의 곧은 선으로 둘러싸인 도형
> 을 ☐ 이라고 합니다.

02 사각형과 관계있는 것을 모두 고르세요. (   )

① **3**개의 변으로 둘러싸여 있습니다.
② **4**개의 변으로 둘러싸여 있습니다.
③ 꼭짓점이 **3**개 있습니다.
④ 꼭짓점이 **4**개 있습니다.
⑤ 동그란 모양의 도형입니다.

03 원을 본뜰 수 있는 것을 모두 고르세요.

(   )

① ② ③ ④ ⑤

04 어떤 도형에 대한 설명인지 쓰세요.

> • 곧은 선이 없습니다.
> • 변과 꼭짓점이 없습니다.
> • 크기는 다르지만 모양은 같습니다.

(   )

🍃 **도형을 보고 물음에 답하세요. [05~07]**

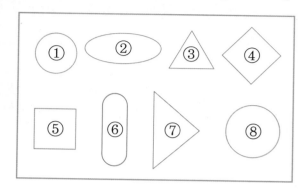

① ② ③ ④ ⑤ ⑥ ⑦ ⑧

05 삼각형을 모두 찾아 번호를 쓰세요.

(   )

06 사각형을 모두 찾아 번호를 쓰세요.

(   )

07 원을 모두 찾아 번호를 쓰세요.

(   )

08 그림에서 삼각형, 사각형, 원은 각각 몇 개인지 쓰세요.

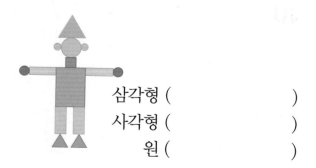

삼각형 (   )
사각형 (   )
원 (   )

09 □ 안에 알맞은 말을 써넣으세요.

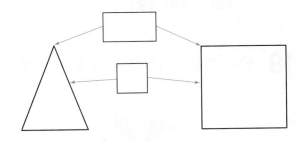

10 빈칸에 알맞은 수를 써넣으세요.

도형	변의 수(개)	꼭짓점의 수(개)
삼각형		
사각형		

11 점 종이 위에 서로 다른 사각형과 삼각형을 각각 **2**개씩 그려 보세요.

```
. . . . . . . . . . . .
. . . . . . . . . . . .
. . . . . . . . . . . .
. . . . . . . . . . . .
```

12 색종이를 점선을 따라 자르면 사각형이 되는 것을 모두 고르세요. (   )

① ② ③
④ ⑤

13 ㉠과 ㉡에 알맞은 수의 합을 구하세요.

> 상연 : 변이 **3**개인 도형을 그려서 변과 꼭짓점의 수를 더했더니 ㉠개였어.
>
> 예슬 : 난 사각형을 그렸더니 꼭짓점의 수가 ㉡개이던데……

(   )

14 □ 안에 알맞은 수를 써넣으세요.

> 칠교판 조각에는 삼각형 모양 조각이 □개, 사각형 모양 조각이 □개 있습니다.

15 칠교판의 ■, ◤, ◢ 세 조각을 모두 사용하여 만들 수 <u>없는</u> 모양을 찾아 기호를 쓰세요.

가	나

(   )

16 왼쪽 모양과 똑같은 모양으로 쌓은 것에 ○표 하세요.

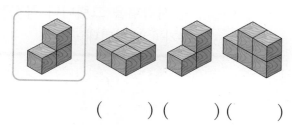

(   ) (   ) (   )

17 똑같은 모양으로 쌓으려면 쌓기나무가 몇 개 필요한가요?

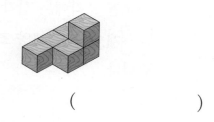

(   )

🍃 쌓은 모양에서 알맞은 위치를 찾아 ○표 하세요. [18~19]

18 빨간색 쌓기나무의 왼쪽에 있는 쌓기나무

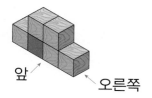

19 빨간색 쌓기나무의 위에 있는 쌓기나무

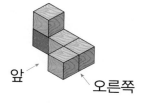

20 왼쪽 모양을 오른쪽 모양과 똑같은 모양으로 만들려고 합니다. 빼내야 할 쌓기나무는 어느 것인지 찾아 ○표 하세요.

단원 **3** 덧셈과 뺄셈

이번에 배울 내용

< 이전에 배운 내용

• 받아올림이 없는 두 자리 수의 덧셈
• 받아내림이 없는 두 자리 수의 뺄셈

> 다음에 배울 내용

• 세 자리 수의 덧셈
• 세 자리 수의 뺄셈

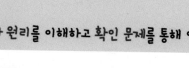
step 1 원리 꼼꼼

1. 덧셈을 하는 여러 가지 방법(1)

♣ **17+5의 계산**

〈방법 1〉 이어 세기로 구하기

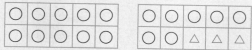 ➡ 17+5=22

〈방법 2〉 더하는 수만큼 △를 그려 구하기

 ➡ 17+5=22

〈방법 3〉 수 모형으로 구하기

  → 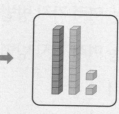 17+5=22

원리 확인 1

주머니 안에 빨간색 구슬 **25**개, 파란색 구슬 **8**개가 들어 있습니다. 주머니 안에 들어 있는 구슬이 모두 몇 개인지 수 모형으로 알아보세요.

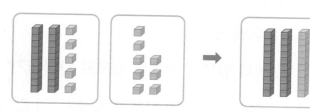

(1) 일 모형끼리 더하면 십 모형 ☐개와 일 모형 ☐개가 됩니다.

따라서 **25**에 **8**을 더하면 십 모형 ☐개와 일 모형 **3**개가 되므로

25+8=☐ 입니다.

(2) 주머니 안에 들어 있는 구슬은 모두 ☐개입니다.

🍃 27+6을 여러 가지 방법으로 계산해 보세요. [1~3]

1 이어 세기를 이용하여 계산해 보세요.

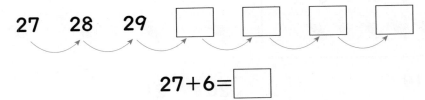

27   28   29   ☐   ☐   ☐   ☐

27+6=☐

2 더하는 수만큼 △를 그려 계산해 보세요.

27+6=☐

3 수 모형을 이용하여 계산해 보세요.

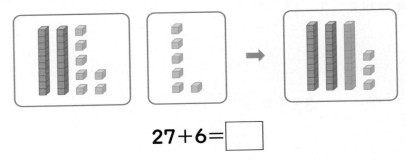

27+6=☐

4 계산해 보세요.

(1) 47+5

(2) 65+8

● **1.** 27에서 1씩 6번 뛰어 세기를 하여 계산하는 방법입니다.

● **3.** 일 모형 10개는 십 모형 1개와 같습니다.

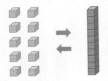

● **4.** 덧셈을 하는 여러 가지 방법 중에서 1가지를 선택하여 계산해 봅니다.

1 19+4를 이어 세기를 이용하여 계산해 보세요.

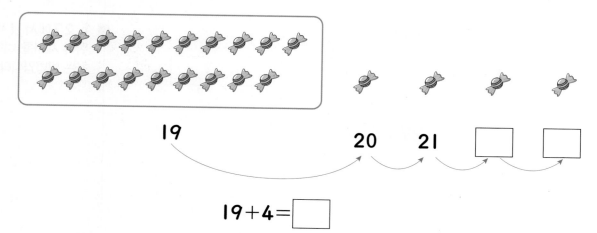

19+4=☐

2 18+7을 더하는 수만큼 △를 그려서 계산해 보세요.

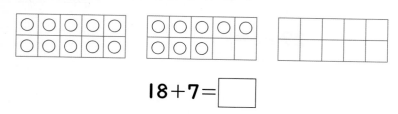

18+7=☐

🍂 수 모형을 이용하여 계산해 보세요. [3~4]

3

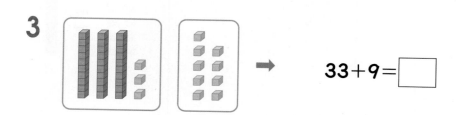

33+9=☐

4

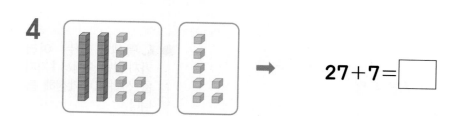

27+7=☐

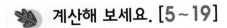 계산해 보세요. [5~19]

5
```
   1 6
 +   6
```

6
```
   2 5
 +   7
```

7
```
   3 6
 +   5
```

8
```
   4 7
 +   4
```

9
```
   4 6
 +   9
```

10
```
   5 5
 +   8
```

11
```
   5 9
 +   9
```

12
```
   6 8
 +   3
```

13
```
   7 4
 +   7
```

14 19+4

15 24+8

16 35+6

17 42+9

18 48+5

19 54+8

2. 덧셈을 하는 여러 가지 방법(2)

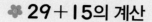

❀ **29＋15의 계산**

〈방법 1〉 15를 십의 자리 수와 일의 자리 수로 가르기하여 더하기

$$29 + 15 = 29+10+5$$
$$= 39+5$$
$$= 44$$
10   5

〈방법 2〉 15에서 1을 옮겨 29를 30으로 만들어 더하기

$$29 + 15 = 29+1+14$$
$$= 30+14$$
$$= 44$$
1   14

〈방법 3〉 29와 15를 각각 십의 자리 수와 일의 자리 수로 가르기하여 더하기

$$29 + 15 = 20+10+9+5$$
$$= 30+14$$
$$= 44$$
20   9   10   5

〈방법 4〉 일의 자리에서 받아올림하여 더하기

$$\begin{array}{r} 2\,9 \\ +\,1\,5 \\ \hline \end{array} \Rightarrow \begin{array}{r} {}^{1}\;\; \\ 2\,9 \\ +\,1\,5 \\ \hline 4 \end{array} \Rightarrow \begin{array}{r} {}^{1}\;\; \\ 2\,9 \\ +\,1\,5 \\ \hline 4\,4 \end{array}$$

일의 자리 숫자끼리의 합이 10이거나 10보다 크면 십의 자리로 받아올림합니다.

원리 확인 **1** 수 모형을 보고 □ 안에 알맞은 수를 써넣으세요.

  →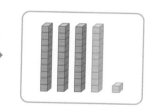

$$16+25= \boxed{}$$

1 38+14를 여러 가지 방법으로 계산해 보세요.

(1) 14를 가르기하여 더하기

38 + 14 = 38+10+4

10 4 = ☐+4

= ☐

(2) 38을 가까운 몇십으로 바꾸어 더하기

38 + 14 = 38+2+12

2 12 = ☐+12

= ☐

(3) 38과 14를 가르기하여 더하기

38 + 14 = 30+10+8+4

30 8 10 4 = 40+☐

= ☐

2 ☐ 안에 알맞은 수를 써넣으세요.

$$\begin{array}{r} 5\ 7 \\ +\ 8\ 4 \\ \hline \end{array}$$ → $$\begin{array}{r} \square \\ 5\ 7 \\ +\ 8\ 4 \\ \hline \square \end{array}$$ → $$\begin{array}{r} \square \\ 5\ 7 \\ +\ 8\ 4 \\ \hline \end{array}$$

3 ☐ 안에 알맞은 수를 써넣으세요.

(1)
$$\begin{array}{r} \square \\ 2\ 6 \\ +\ 4\ 9 \\ \hline \end{array}$$

(2)
$$\begin{array}{r} \square \\ 7\ 4 \\ +\ 8\ 8 \\ \hline \end{array}$$

2. 각 자리 숫자의 합이 10이거나 10보다 크면 바로 윗자리로 받아올림합니다.

3. 덧셈과 뺄셈 • 71

 ☐ 안에 알맞은 수를 써넣으세요. [1~6]

1 47+28

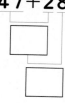

2 34+28

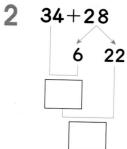

3 42+39

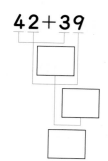

4 63+28

5 56+24

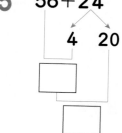

6 37+28

 ☐ 안에 알맞은 수를 써넣으세요. [7~12]

7 36+45=36+40+☐
      =☐+☐
      =☐

8 29+55=29+50+☐
      =☐+☐
      =☐

9 27+53=27+3+☐
      =☐+☐
      =☐

10 64+17=64+6+☐
       =☐+☐
       =☐

11 56+27=50+6+20+7
       =50+20+☐+☐
       =70+☐
       =☐

12 37+28=30+7+20+8
       =30+20+☐+☐
       =50+☐
       =☐

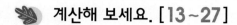

🍂 계산해 보세요. [13~27]

13
```
  2 8
+ 1 4
```

14
```
  3 6
+ 2 5
```

15
```
  4 7
+ 3 8
```

16
```
  4 9
+ 2 6
```

17
```
  5 8
+ 3 3
```

18
```
  6 9
+ 2 8
```

19
```
  2 7
+ 3 6
```

20
```
  4 6
+ 4 9
```

21
```
  5 4
+ 3 8
```

22 38+29

23 46+39

24 78+16

25 36+47

26 47+48

27 63+29

step 1 원리 꼼꼼

3. 덧셈을 하기

🍀 **십의 자리에서 받아올림이 있는 (두 자리 수)+(두 자리 수)**

$$
\begin{array}{r} 52 \\ +63 \\ \hline 5 \end{array}
\;\Rightarrow\;
\begin{array}{r} 52 \\ +63 \\ \hline 15 \end{array}
\;\Rightarrow\;
\begin{array}{r} 52 \\ +63 \\ \hline 115 \end{array}
$$

➡ 십의 자리에서 받아올림한 수는 백의 자리 위에 작게 나타냅니다.

🍀 **일의 자리, 십의 자리에서 받아올림이 있는 (두 자리 수)+(두 자리 수)**

$$
\begin{array}{r} 76 \\ +58 \\ \hline 4 \end{array}
\;\Rightarrow\;
\begin{array}{r} 76 \\ +58 \\ \hline 34 \end{array}
\;\Rightarrow\;
\begin{array}{r} 76 \\ +58 \\ \hline 134 \end{array}
$$

➡ 일의 자리 계산에서 받아올림한 수는 십의 자리 위에 작게 나타내고,
십의 자리 계산에서 받아올림한 수는 백의 자리 위에 작게 나타냅니다.

원리 확인 1 그림을 보고 덧셈을 하세요.

(1)
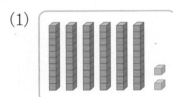 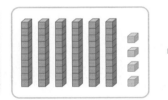 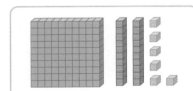

$$62+64=\boxed{}$$

(2)
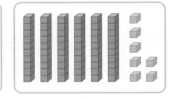 

$$56+67=\boxed{}$$

1 □ 안에 알맞은 수를 써넣으세요.

(1)

$$
\begin{array}{r}
7\ 2 \\
+\ 5\ 3 \\
\hline
\square
\end{array}
$$
→
$$
\begin{array}{r}
\square \\
7\ 2 \\
+\ 5\ 3 \\
\hline
\square\ \square
\end{array}
$$
→
$$
\begin{array}{r}
\square \\
7\ 2 \\
+\ 5\ 3 \\
\hline
\square\ \square\ \square
\end{array}
$$

(2)

$$
\begin{array}{r}
\square \\
6\ 9 \\
+\ 5\ 8 \\
\hline
\square
\end{array}
$$
→
$$
\begin{array}{r}
\square\ \square \\
6\ 9 \\
+\ 5\ 8 \\
\hline
\square\ \square
\end{array}
$$
→
$$
\begin{array}{r}
\square \\
6\ 9 \\
+\ 5\ 3 \\
\hline
\square\ \square\ \square
\end{array}
$$

1. 십의 자리에서 받아올림한 1을 백의 자리 위에 작게 나타냅니다.

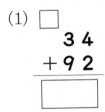

2 □ 안에 알맞은 수를 써넣으세요.

(1)
$$
\begin{array}{r}
\square \\
3\ 4 \\
+\ 9\ 2 \\
\hline

\end{array}
$$

(2)
$$
\begin{array}{r}
\square \\
7\ 6 \\
+\ 4\ 1 \\
\hline

\end{array}
$$

(3)
$$
\begin{array}{r}
\square\ \square \\
5\ 8 \\
+\ 4\ 7 \\
\hline

\end{array}
$$

(4)
$$
\begin{array}{r}
\square\ \square \\
8\ 6 \\
+\ 6\ 8 \\
\hline

\end{array}
$$

3 계산해 보세요.

(1)
$$
\begin{array}{r}
4\ 7 \\
+\ 7\ 2 \\
\hline
\end{array}
$$

(2)
$$
\begin{array}{r}
5\ 6 \\
+\ 7\ 4 \\
\hline
\end{array}
$$

(3) 39＋90

(4) 81＋59

3. 받아올림에 주의하여 계산합니다.

step 3 원리 척척

 계산해 보세요. [1~15]

1
```
   4 0
 + 7 2
```

2
```
   2 4
 + 9 1
```

3
```
   5 4
 + 5 2
```

4
```
   7 3
 + 4 6
```

5
```
   5 2
 + 8 4
```

6
```
   7 7
 + 3 2
```

7
```
   3 8
 + 9 1
```

8
```
   4 4
 + 6 5
```

9
```
   6 2
 + 5 3
```

10
```
   5 6
 + 4 8
```

11
```
   6 7
 + 5 9
```

12
```
   4 8
 + 8 8
```

13
```
   7 6
 + 4 8
```

14
```
   6 9
 + 9 5
```

15
```
   8 5
 + 9 8
```

계산해 보세요. [16~29]

16 76+53

17 92+83

18 66+51

19 71+58

20 40+95

21 44+95

22 57+77

23 64+99

24 83+47

25 66+88

26 79+58

27 94+87

28 68+76

29 96+99

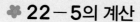
4. 뺄셈을 하는 여러 가지 방법(1)

❀ **22 - 5의 계산**

〈방법 1〉거꾸로 세어 구하기

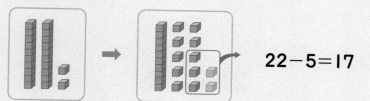

17 18 19 20 21 22 ➡ 22 - 5 = 17

〈방법 2〉수판의 그림을 지워 구하기

➡ 22 - 5 = 17

〈방법 3〉수 모형으로 구하기

22 - 5 = 17

원리 확인 ❶ 희영이는 색종이 **35**장 중에서 종이학을 접는데 **8**장을 사용했습니다. 남은 색종이는 몇 장인지 수 모형으로 알아보세요.

(1) 십 모형 **1**개를 일 모형 **10**개로 바꾸면 일 모형은 ☐개가 됩니다.

일 모형 ☐개에서 일 모형 **8**개를 덜어 내면 일 모형 ☐개가 남습니다.

따라서 **35**에서 **8**을 빼면 십 모형 ☐개와 일 모형 **7**개가 남으므로

35 - 8 = ☐입니다.

(2) 남은 색종이는 ☐장입니다.

🍂 24−6을 여러 가지 방법으로 계산해 보세요. [1~3]

1 거꾸로 세어 계산해 보세요.

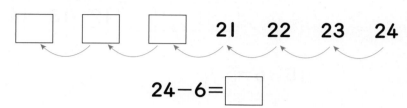

24−6= ☐

● **1.** 24에서 1씩 6번 거꾸로 뛰어 세기를 하여 계산하는 방법입니다.

2 빼는 수만큼 /로 지워 계산해 보세요.

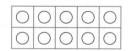  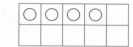

24−6= ☐

3 수 모형을 이용하여 계산해 보세요.

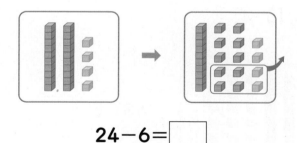

24−6= ☐

● **3.** 십 모형 1개는 일 모형 10개와 같습니다.

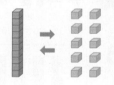

4 계산해 보세요.

(1)
```
  3 4
−   6
```

(2)
```
  7 1
−   2
```

● **4.** 가로셈을 세로셈으로 바꾸어 계산하면 편리합니다.

(3) 46−8

(4) 54−7

step 3 원리 척척

1 15−6을 거꾸로 세어 계산해 보세요.

⚪ ⚪ ⚪ ⚪ ⚪ ⚪ ⚪ ⚪ ⚪ ⚪ ⚪ ⚪ ⚪ ⚪ ⚪

☐ ☐ ☐ 12 13 14 15

15−6=☐

2 25−9를 빼는 수만큼 /로 지워서 계산해 보세요.

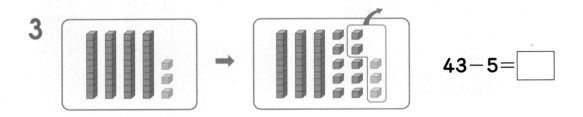

25−9=☐

🍂 수 모형을 이용하여 계산해 보세요. [3~4]

3

43−5=☐

4

52−7=☐

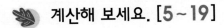 계산해 보세요. [5~19]

5
$$\begin{array}{r} 2\ 5 \\ -\quad 7 \\ \hline \end{array}$$

6
$$\begin{array}{r} 3\ 1 \\ -\quad 5 \\ \hline \end{array}$$

7
$$\begin{array}{r} 3\ 4 \\ -\quad 7 \\ \hline \end{array}$$

8
$$\begin{array}{r} 4\ 3 \\ -\quad 4 \\ \hline \end{array}$$

9
$$\begin{array}{r} 5\ 6 \\ -\quad 7 \\ \hline \end{array}$$

10
$$\begin{array}{r} 6\ 7 \\ -\quad 9 \\ \hline \end{array}$$

11
$$\begin{array}{r} 6\ 2 \\ -\quad 5 \\ \hline \end{array}$$

12
$$\begin{array}{r} 9\ 5 \\ -\quad 6 \\ \hline \end{array}$$

13
$$\begin{array}{r} 7\ 3 \\ -\quad 8 \\ \hline \end{array}$$

14 $23-5$

15 $72-9$

16 $33-7$

17 $35-8$

18 $46-8$

19 $58-9$

❀ **30-17의 계산**

〈방법 1〉 30 - 17
10 7
20
13

17을 **10**과 **7**로 가르기하여
순서대로 뺍니다.

〈방법 2〉 30 - 17
30+3 17+3
33 20
13

빼어지는 수와 빼는 수에 같은 수를 더하여
(몇십 몇)-(몇십)으로 나타내어 구합니다.

〈방법 3〉 30 - 17
20 10 10 7
10
3
13

30을 **20**과 **10**으로 가르기하고 **17**을 **10**과
7로 가르기하여 계산합니다.

〈방법 4〉

$$\begin{array}{r} {\scriptstyle 2\ 10} \\ 3\ 0 \\ -1\ 7 \\ \hline 3 \end{array} \Rightarrow \begin{array}{r} {\scriptstyle 2\ 10} \\ 3\ 0 \\ -1\ 7 \\ \hline 1\ 3 \end{array}$$

일의 자리에서 뺄 수 없을 때에는 십의
자리에서 **10**을 받아내림합니다.

원리 확인 **1** 수 모형을 보고 □ 안에 알맞은 수를 써넣으세요.

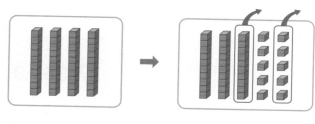

40-15=□

1 50−29를 여러 가지 방법으로 계산해 보세요.

(1) 29를 20과 9로 가르기하여 빼기

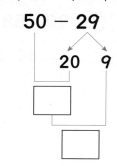

(2) 50을 51로, 29를 30으로 나타내어 빼기

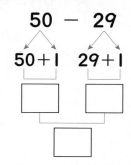

(3) 50을 40과 10으로, 29를 20과 9로 가르기하여 빼기

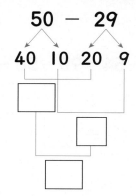

2 □ 안에 알맞은 수를 써넣으세요.

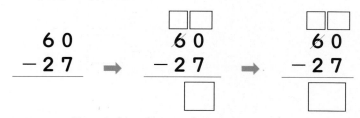

2. 십의 자리 계산을 할 때에는 일의 자리로 받아내림하고 남은 수에서 빼야 합니다.

3 □ 안에 알맞은 수를 써넣으세요.

(1)
```
   4 0
 - 1 8
```

(2)
```
   8 0
 - 5 4
```

 □ 안에 알맞은 수를 써넣으세요. [1~6]

1 50−34

☐
☐

2 60−37

☐
☐

3 90−58

60 2

☐
☐

4 70−26

☐
☐

5 80−42

☐
☐

6 90−38

40 2

☐
☐

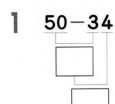 □ 안에 알맞은 수를 써넣으세요. [7~12]

7 80−27=80−20−☐
  =☐−☐
  =☐

8 90−54=90−50−☐
  =☐−☐
  =☐

9 80−29=80−9−☐
  =☐−☐
  =☐

10 60−27=60−30+☐
  =☐+☐
  =☐

11 70−33=70−3−☐
  =☐−☐
  =☐

12 90−47=90−7−☐
  =☐−☐
  =☐

계산해 보세요. [13~27]

13
```
   3 0
 - 1 5
```

14
```
   6 0
 - 2 8
```

15
```
   5 0
 - 3 1
```

16
```
   6 0
 - 2 4
```

17
```
   2 0
 - 1 4
```

18
```
   8 0
 - 5 9
```

19
```
   4 0
 - 3 2
```

20
```
   7 0
 - 3 1
```

21
```
   9 0
 - 7 4
```

22 40−26

23 30−19

24 80−67

25 90−72

26 40−19

27 70−24

🍀 **36 - 17의 계산**

• 수 모형을 이용하여 계산하기

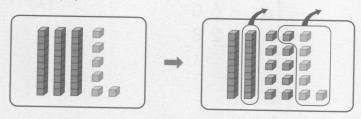

십 모형 **1**개를 일 모형 **10**개로 바꾸면 일 모형은 **16**개가 됩니다. 일 모형 **16**개에서 일 모형 **7**개를 덜어 내면 일 모형 **9**개가 남습니다. 따라서 **36**에서 **17**을 빼면 십 모형 **1**개와 일 모형 **9**개가 남으므로 **36 - 17 = 19**입니다.

• 세로셈으로 계산하기

$$
\begin{array}{r} 3\ 6 \\ -\ 1\ 7 \\ \hline \end{array}
\rightarrow
\begin{array}{r} \overset{2\,10}{3\ 6} \\ -\ 1\ 7 \\ \hline \end{array}
\rightarrow
\begin{array}{r} \overset{2\,10}{3\ 6} \\ -\ 1\ 7 \\ \hline 9 \end{array}
\rightarrow
\begin{array}{r} \overset{2\,10}{3\ 6} \\ -\ 1\ 7 \\ \hline 1\ 9 \end{array}
$$

일의 자리 숫자끼리 뺄 수 없을 때에는 십의 자리에서 받아내림합니다.

원리 확인 ① 사탕이 **54**개 있었습니다. 그중에서 **16**개를 먹었습니다. 남은 사탕이 몇 개인지 수 모형으로 알아보세요.

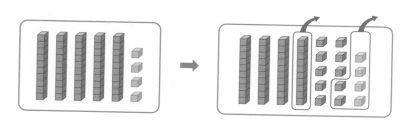

(1) 십 모형 **1**개를 일 모형 **10**개로 바꾼 후 일 모형 **6**개를 덜어 내면 일 모형은 ☐ 개가 남습니다. 따라서 **54**에서 **16**을 빼면 십 모형 **3**개와 일 모형 ☐ 개가 남으므로 **54 - 16 =** ☐ 입니다.

(2) 남은 사탕은 ☐ 개입니다.

기본 문제를 통해 개념과 원리를 다져요.

1 수 모형을 보고 ☐ 안에 알맞은 수를 써넣으세요.

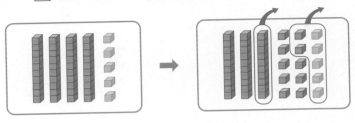

$$45 - 17 = \boxed{}$$

● **1.** 십 모형 1개를 일 모형 10개로 바꾸어 계산합니다.

2 ☐ 안에 알맞은 수를 써넣으세요.

$$
\begin{array}{r}
5\ 2 \\
-\ 3\ 7 \\
\hline
\end{array}
\ \rightarrow\
\begin{array}{r}
\boxed{}\boxed{} \\
5\ 2 \\
-\ 3\ 7 \\
\hline
\boxed{}
\end{array}
\ \rightarrow\
\begin{array}{r}
\boxed{}\boxed{} \\
5\ 2 \\
-\ 3\ 7 \\
\hline
\boxed{}
\end{array}
$$

● **2.** 일의 자리 숫자끼리 뺄 수 없을 때에는 십의 자리에서 받아내림합니다.

3 ☐ 안에 알맞은 수를 써넣으세요.

(1)
$$
\begin{array}{r}
\boxed{}\boxed{} \\
6\ 0 \\
-\ 4\ 9 \\
\hline
\boxed{}
\end{array}
$$

(2)
$$
\begin{array}{r}
\boxed{}\boxed{} \\
8\ 4 \\
-\ 5\ 6 \\
\hline
\boxed{}
\end{array}
$$

● **3.** 덧셈은 받아올림한 수를 십의 자리에 1만 표시하면 되지만 뺄셈은 받아내림할 때 십의 자리와 일의 자리에 모두 표시 해야 합니다.

4 계산해 보세요.

(1)
$$
\begin{array}{r}
4\ 1 \\
-\ 1\ 2 \\
\hline
\end{array}
$$

(2)
$$
\begin{array}{r}
7\ 3 \\
-\ 3\ 7 \\
\hline
\end{array}
$$

● **4.** 받아내림에 주의하여 계산합니다.

 계산해 보세요. [1~15]

1
```
   4 1
 - 1 7
```

2
```
   5 4
 - 2 5
```

3
```
   6 2
 - 2 4
```

4
```
   6 7
 - 3 8
```

5
```
   7 7
 - 5 9
```

6
```
   8 2
 - 2 4
```

7
```
   8 4
 - 3 6
```

8
```
   9 2
 - 5 5
```

9
```
   9 3
 - 5 7
```

10
```
   5 1
 - 2 7
```

11
```
   6 4
 - 1 9
```

12
```
   7 3
 - 5 8
```

13
```
   8 8
 - 2 9
```

14
```
   6 1
 - 2 4
```

15
```
   4 3
 - 1 8
```

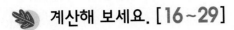 계산해 보세요. [16~29]

16 43−26

17 58−19

18 61−28

19 74−35

20 82−27

21 95−39

22 31−15

23 47−28

24 72−13

25 62−58

26 81−18

27 92−27

28 75−47

29 81−36

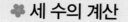
❖ 세 수의 계산

• 28+35−14의 계산

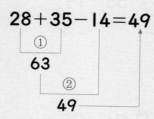

$$28+35-14=49$$

```
  2 8        ┌→  6 3
+ 3 5        │  − 1 4
─────        │  ─────
① 6 3 ───────┘  ② 4 9
```

• 76−48+33의 계산

$$76-48+33=61$$

```
  7 6        ┌→  2 8
− 4 8        │  + 3 3
─────        │  ─────
① 2 8 ───────┘  ② 6 1
```

원리 확인 ① 버스에 **24**명이 타고 있었습니다. 정류장에서 **18**명이 더 타고 **15**명이 내렸습니다. 지금 버스에 타고 있는 사람은 몇 명인지 알아보세요.

(1) 구하려는 사람의 수를 식으로 나타내면 ☐+☐−☐입니다.

(2) **24**명이 타고 있는 버스에 **18**명이 더 타면 ☐+☐=☐(명)이 됩니다.

(3) **15**명이 내리면 ☐−15=☐(명)입니다

(4) **24+18−15**는 어떻게 계산하는지 알아보세요.

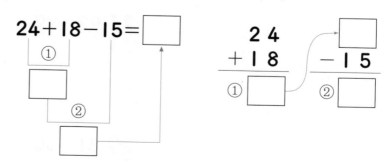

$$24+18-15=☐$$

```
  2 4            ┌→  ☐
+ 1 8            │  − 1 5
─────            │  ─────
① ☐ ─────────────┘  ② ☐
```

(5) 지금 버스에 타고 있는 사람은 몇 명인가요?

(   )

1 35+26−12를 계산하려고 합니다. □ 안에 알맞은 수를 써넣으세요.

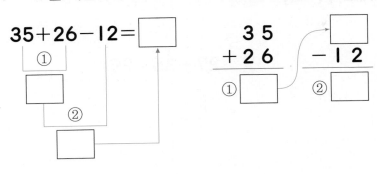

1. 세 수의 덧셈과 뺄셈은 앞에서부터 두 수씩 차례로 계산합니다.

2 53+19−47을 계산하려고 합니다. □ 안에 알맞은 수를 써넣으세요.

$$53+19-47=\boxed{}$$

$$\begin{array}{r} 5\ 3 \\ +\ 1\ 9 \\ \hline \end{array}$$

3 46−17+24를 계산하려고 합니다. □ 안에 알맞은 수를 써넣으세요.

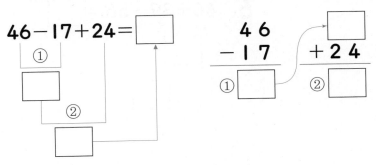

3. 세 수의 뺄셈과 덧셈은 앞에서부터 두 수씩 차례로 계산합니다.

4 74−49+38을 계산하려고 합니다. □ 안에 알맞은 수를 써넣으세요.

$$74-49+38=\boxed{}$$

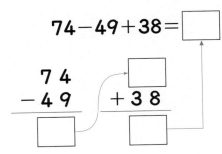

4. 세 수의 덧셈은 순서를 바꾸어 더해도 되지만 세 수의 뺄셈, 세 수의 덧셈과 뺄셈, 세 수의 뺄셈과 덧셈은 반드시 앞에서부터 차례로 계산하여야 합니다.

 □ 안에 알맞은 수를 써넣으세요. [1~8]

1 39+14+27=□

2 27+35+29=□

3 52-19-18=□

4 60-24-17=□

5 34+28-17=□

6 46+39-56=□

7 65-27+19=□

8 92-47+35=□

3
단원

🍂 계산해 보세요. [9~24]

9 24+35+17

10 49+24+19

11 28+16+37

12 19+47+24

13 53−18−28

14 64−26−17

15 70−25−36

16 72−19−38

17 43+18−29

18 58+37−46

19 64+28−57

20 37+45−29

21 65−38+26

22 75−29+36

23 83−44+19

24 80−36+28

8. 덧셈과 뺄셈의 관계를 식으로 나타내기

✿ 덧셈식을 뺄셈식으로 나타내기

$$26+35=61 \Rightarrow \begin{cases} 61-35=26 \\ 61-26=35 \end{cases}$$

하나의 덧셈식을 **2**개의 뺄셈식으로 나타낼 수 있습니다.

✿ 뺄셈식을 덧셈식으로 나타내기

$$43-28=15 \Rightarrow \begin{cases} 15+28=43 \\ 28+15=43 \end{cases}$$

하나의 뺄셈식을 **2**개의 덧셈식으로 나타낼 수 있습니다.

원리 확인 ① 주어진 카드로 덧셈식 **57＋38＝95**를 만들었습니다. **57＋38＝95**를 보고 뺄셈식으로 나타내려고 합니다. □ 안에 알맞은 수를 써넣으세요.

| 38 | 95 | 57 |
| ＋ | ＝ | － |

$$57 \boxed{+} 38 = 95 \Rightarrow \begin{cases} 95 - \square = 57 \\ 95 - \square = 38 \end{cases}$$

원리 확인 ② 주어진 카드로 뺄셈식 **75－27＝48**을 만들었습니다. **75－27＝48**을 보고 덧셈식으로 나타내려고 합니다. □ 안에 알맞은 수를 써넣으세요.

| 27 | 48 | 75 |
| ＋ | ＝ | － |

$$75 - 27 = 48 \Rightarrow \begin{cases} 48 + \square = 75 \\ 27 + \square = 75 \end{cases}$$

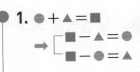
1 덧셈식 $36+48=84$를 **2**개의 뺄셈식으로 나타내 보세요.

$$84-48=\boxed{}$$
$$84-\boxed{}=\boxed{}$$

● 1. ●＋▲＝■
→ ┌ ■－▲＝●
　└ ■－●＝▲

2 덧셈식을 보고 **2**개의 뺄셈식으로 나타내 보세요.

$\boxed{29+33=62}$ ➡ ┌ $\boxed{}-33=\boxed{}$
　　　　　　　└ $\boxed{}-29=\boxed{}$

3 뺄셈식 $95-26=69$를 **2**개의 덧셈식으로 나타내 보세요.

$$69+\boxed{}=95$$
$$26+\boxed{}=\boxed{}$$

● 3. ■－●＝▲
→ ┌ ▲＋●＝■
　└ ●＋▲＝■

4 뺄셈식을 보고 **2**개의 덧셈식으로 나타내 보세요.

$\boxed{71-48=23}$ ➡ ┌ $23+\boxed{}=\boxed{}$
　　　　　　　└ $48+\boxed{}=\boxed{}$

 덧셈식을 보고 뺄셈식으로 나타내 보세요. [1~10]

1 14+6=20

→ 20-□=14
   20-□=6

2 5+23=28

→ 28-□=5
   28-□=23

3 46+8=54

→ 54-□=46
   54-□=8

4 9+67=76

→ 76-□=9
   76-□=67

5 25+45=70

→ 70-□=25
   70-□=45

6 38+49=87

→ 87-□=38
   87-□=49

7 27+68=95

→ □-□=□
   □-□=□

8 44+38=82

→ □-□=□
   □-□=□

9 36+35=71

→ □-□=□
   □-□=□

10 59+24=83

→ □-□=□
   □-□=□

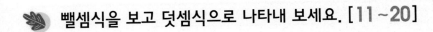

빼셈식을 보고 덧셈식으로 나타내 보세요. [11~20]

11 35−7=28

→ 7+☐=35

28+☐=35

12 64−9=55

→ 9+☐=64

55+☐=64

13 20−8=12

→ 8+☐=20

12+☐=20

14 35−25=10

→ 25+☐=35

10+☐=35

15 60−33=27

→ ☐+27=60

☐+33=60

16 83−46=37

→ ☐+37=83

☐+46=83

17 84−29=55

→ ☐+☐=☐

☐+☐=☐

18 94−58=36

→ ☐+☐=☐

☐+☐=☐

19 64−37=27

→ ☐+☐=☐

☐+☐=☐

20 85−49=36

→ ☐+☐=☐

☐+☐=☐

step 1 원리 꼼꼼

9. □가 사용된 덧셈식 만들고 □의 값 구하기

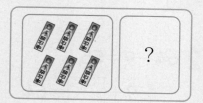

위의 그림을 식으로 나타내면 $6+□=14$입니다.

덧셈과 뺄셈의 관계를 이용하여 □의 값을 구합니다.

$$6+□=14 \implies 14-6=□, □=8$$

따라서 □의 값은 8입니다.

원리 확인 1 현미는 연필을 7자루 가지고 있었습니다. 친구에게 연필을 선물로 받아 모두 16자루가 되었습니다. 친구에게 선물로 받은 연필은 몇 자루인지 알아보세요.

(1) ■를 사용하여 덧셈식으로 나타내 보세요.

식 _____

(2) 양쪽이 서로 같아지도록 빈 곳에 ○를 그려 보세요.

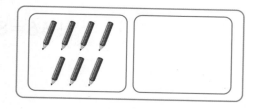 =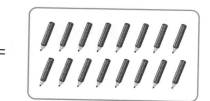

(3) 7에 얼마를 더하면 16과 같아지는지 □ 안에 알맞은 수를 써넣으세요.

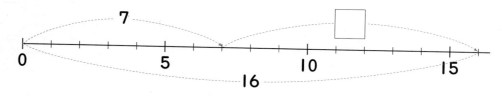

(4) 덧셈식에서 ■의 값을 구하면 ☐입니다.

(5) 친구에게 선물로 받은 연필은 ☐자루입니다.

1 빈 곳에 알맞은 수만큼 ○를 그려 넣고, □ 안에 알맞은 수를 써넣으세요.

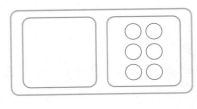
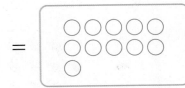

$$\square + 6 = 11$$

1. ○가 **6**개에서 **11**개가 되었습니다.

2 빈 곳에 알맞은 수만큼 △를 그려 넣고, □ 안에 알맞은 수를 써넣으세요.

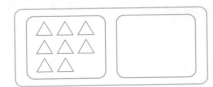

$$8 + \square = 15$$

2. △가 **8**개에서 **15**개가 되었습니다.

3 □ 안에 알맞은 수를 써넣으세요.

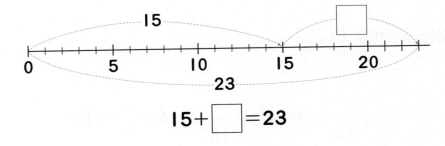

$$15 + \square = 23$$

4 덧셈식에서 ■의 값을 구하려고 합니다. □ 안에 알맞은 수를 써넣으세요.

(1) ■＋13＝20

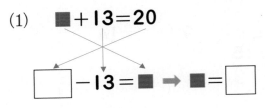

$$\square - 13 = \blacksquare \;\rightarrow\; \blacksquare = \square$$

(2) 23＋■＝31

$$31 - \square = \blacksquare \;\rightarrow\; \blacksquare = \square$$

4. 덧셈과 뺄셈의 관계를 이용하여 □의 값을 구합니다.

🍂 그림을 보고 □의 값을 구하세요. [1~3]

1

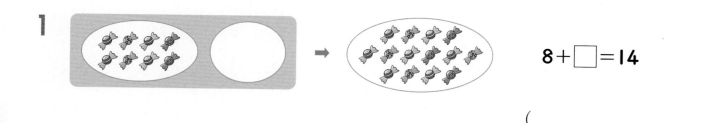

$8+\square=14$

( )

2

$\square+7=12$

( )

3

$\square+6=12$

( )

🍂 수직선을 보고 □의 값을 구하세요. [4~6]

4

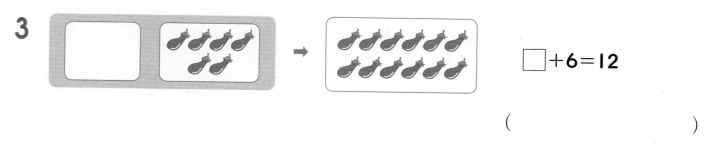

$4+\square=12$

( )

5

$9+\square=14$

( )

6

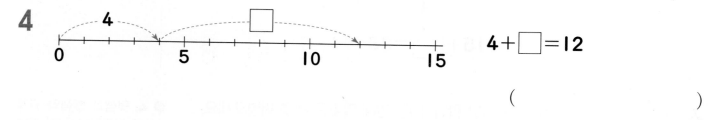

$\square+9=17$

( )

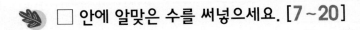

□ 안에 알맞은 수를 써넣으세요. [7 ~ 20]

7 5+□=11

8 □+6=13

9 7+□=16

10 □+7=15

11 12+□=19

12 □+14=24

13 20+□=30

14 □+14=28

15 15+□=35

16 □+16=30

17 29+□=49

18 □+36=73

19 27+□=63

20 □+41=96

step 1 원리 꼼꼼

10. □가 사용된 뺄셈식 만들고 □의 값 구하기

위의 그림을 식으로 나타내면 **13−□=6**입니다.
빵이 **6**개만 남도록 /으로 지우면 **7**개를 지우게 됩니다.
13−□=6 ➡ 13−6=□, □=7
따라서 □의 값은 **7**입니다.

원리 확인 ① 복숭아가 **12**개 있었습니다. 그중에서 유승이가 복숭아를 몇 개 먹었더니 **9**개가 남았습니다. 유승이가 먹은 복숭아는 몇 개인지 알아보세요.

(1) ■를 사용하여 뺄셈식으로 나타내 보세요.

식 _____

(2) 복숭아가 **9**개만 남도록 /으로 지워 보세요.

(3) **12**에서 얼마를 빼면 **9**가 되는지 □ 안에 알맞은 수를 써넣으세요.

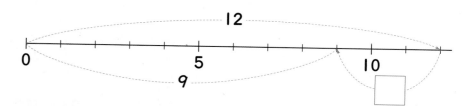

(4) 뺄셈식에서 ■값을 구하면 ☐입니다.

(5) 유승이가 먹은 복숭아는 ☐개입니다.

1 왼쪽 그림에서 몇 개를 빼었더니 오른쪽 그림이 되었습니다. 뺀 수만큼 왼쪽 그림에 /으로 지워 보고, ☐ 안에 알맞은 수를 써넣으세요.

$$10 - \boxed{} = 4$$

● **1.** 구슬 **10**개에서 **4**개가 되었습니다.
4개가 되도록 구슬을 /으로 지워 봅니다.

2 왼쪽 그림에서 몇 개를 덜어내었더니 오른쪽 그림이 되었습니다. 덜어낸 수만큼 왼쪽 그림에서 덜어내 보고, ☐ 안에 알맞은 수를 써넣으세요.

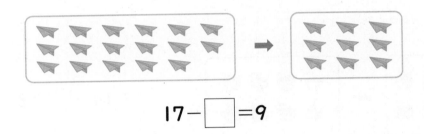

$$17 - \boxed{} = 9$$

● **2.** 종이비행기가 **17**개에서 **9**개가 되었습니다. **9**개가 되도록 종이비행기를 덜어 내어 봅니다.

3 ☐ 안에 알맞은 수를 써넣으세요.

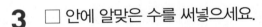

$$\boxed{} - 7 = 4$$

4 뺄셈식에서 ■의 값을 구하려고 합니다. ☐ 안에 알맞은 수를 써넣으세요.

(1) $21 - \blacksquare = 12$

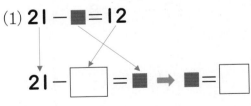

$$21 - \boxed{} = \blacksquare \;\Rightarrow\; \blacksquare = \boxed{}$$

(2) $\blacksquare - 6 = 14$

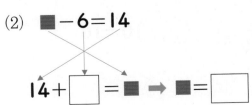

$$14 + \boxed{} = \blacksquare \;\Rightarrow\; \blacksquare = \boxed{}$$

● **4.** 덧셈과 뺄셈의 관계를 이용하여 ☐의 값을 구합니다.

원리 척척

🍃 그림을 보고 ☐의 값을 구하세요. [1~3]

1

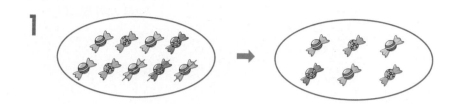

$9 - \square = 6$

(   )

2

$12 - \square = 5$

(   )

3

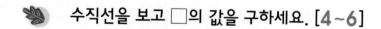

$14 - \square = 8$

(   )

🍃 수직선을 보고 ☐의 값을 구하세요. [4~6]

4

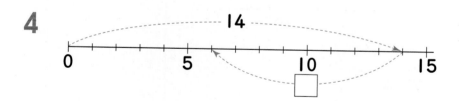

$14 - \square = 6$

(   )

5

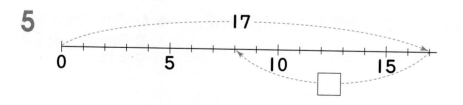

$17 - \square = 8$

(   )

6

$\square - 10 = 10$

(   )

🍂 □ 안에 알맞은 수를 써넣으세요. [7~20]

7   $\boxed{}-7=14$

8   $16-\boxed{}=8$

9   $\boxed{}-9=20$

10   $29-\boxed{}=18$

11   $\boxed{}-17=17$

12   $41-\boxed{}=27$

13   $\boxed{}-15=32$

14   $45-\boxed{}=19$

15   $\boxed{}-27=31$

16   $62-\boxed{}=45$

17   $\boxed{}-39=50$

18   $76-\boxed{}=58$

19   $\boxed{}-28=35$

20   $83-\boxed{}=47$

01 □ 안에 알맞은 수를 써넣으세요.

(1)
```
    □
  6 7
+   4
─────
  □ □
```

(2)
```
    □
  5 2
+   9
─────
  □ □
```

02 38+13을 영수와 같은 방법으로 계산해 보세요.

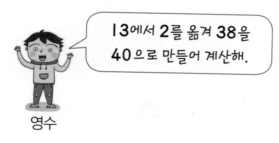

13에서 2를 옮겨 38을 40으로 만들어 계산해.

영수

$$38+13=38+2+\boxed{}$$
$$=40+\boxed{}$$
$$=\boxed{}$$

03 덧셈을 하세요.

(1) $39+12$

(2) $67+45$

04 두 수의 합을 빈칸에 써넣으세요.

(1)

37	45

(2)

73	
47	

05 민석이는 빨간색 종이 59장, 노란색 종이 13장을 가지고 있습니다. 민석이가 가지고 있는 색종이는 모두 몇 장인가요?

(   )

06 □ 안에 알맞은 수를 써넣으세요.

(1)
```
  □ □
  9 5
−   6
─────
  □ □
```

(2)
```
  □ □
  7 3
−   9
─────
  □ □
```

07 보기와 같이 수를 다르게 나타내어 계산해 보세요.

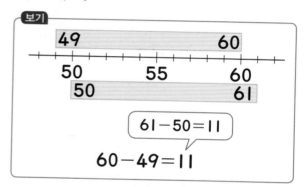

보기

$$61-50=11$$
$$60-49=11$$

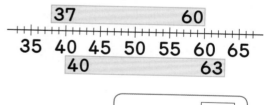

$$63-40=\boxed{}$$
$$60-37=\boxed{}$$

08 뺄셈을 하세요.

(1) $52-36$

(2) $62-14$

09 민지는 종이학 **53**개를 접어서 **16**개를 친구에게 주었습니다. 민지에게 남은 종이학은 몇 개인가요?

(   )

10 □ 안에 알맞은 수를 써넣으세요.

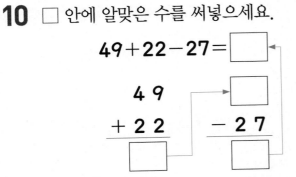

$$49+22-27=\boxed{}$$

11 계산을 하세요.

(1) $35+28-37$

(2) $56-38+17$

12 빈칸에 알맞은 수를 써넣으세요.

(1)
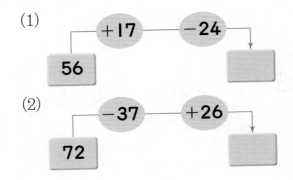

(2)

13 □ 안에 알맞은 수를 써넣으세요.

$$42+35=77$$

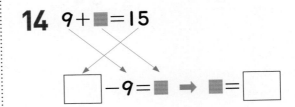

$$\Rightarrow \quad 77-\boxed{}=42$$
$$\quad 77-\boxed{}=35$$

□ 안에 알맞은 수를 써넣으세오. [14~15]

14 $9+\blacksquare=15$

$$\boxed{}-9=\blacksquare \Rightarrow \blacksquare=\boxed{}$$

15 $\blacksquare-7=18$

$$7+\boxed{}=\blacksquare \Rightarrow \blacksquare=\boxed{}$$

16 □의 값이 큰 순서대로 기호를 쓰세요.

㉠ $7-\square=5$ ㉡ $\square-3=8$
㉢ $15-\square=7$

(   )

단원 평가

점수

01 계산을 하세요.

(1)
```
  2 9
+   3
```

(2)
```
  4 6
+ 2 9
```

02 계산을 하세요.

(1)
```
  2 7
-   8
```

(2)
```
  7 1
- 3 4
```

03 계산해 보세요.

(1) $67 + 9$

(2) $74 - 6$

(3) $56 + 45$

(4) $87 - 18$

04 두 수의 합과 차를 각각 구하세요.

 66   48

합 (   )

차 (   )

🍃 빈 곳에 알맞은 수를 써넣으세요. [05~08]

05

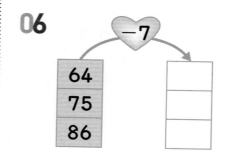

+6

| 36 |
| 47 |
| 58 |

06

-7

| 64 |
| 75 |
| 86 |

07

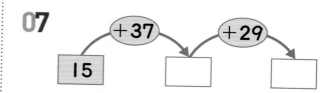

15 +37 +29

08

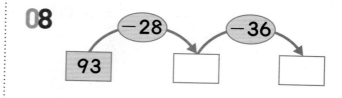

93 -28 -36

□ 안에 알맞은 수를 써넣으세요. [09~10]

09 $49+37=49+\boxed{}+7$

$\qquad =\boxed{}+7$

$\qquad =\boxed{}$

10 $73-38=73-40+\boxed{}$

$\qquad =\boxed{}+\boxed{}$

$\qquad =\boxed{}$

11 농촌 체험을 하면서 가영이는 감자를 28개, 지혜는 17개 캤습니다. 가영이와 지혜가 캔 감자는 모두 몇 개인가요?

( )

12 공원에 비둘기가 32마리 있었습니다. 이 중에서 16마리가 날아갔습니다. 지금 공원에 남아 있는 비둘기는 몇 마리인가요?

( )

13 ○ 안에 >, <를 알맞게 써넣으세요.

(1) $37+26 \bigcirc 19+45$

(2) $41-13 \bigcirc 53-24$

(3) $29+34 \bigcirc 82-28$

14 □ 안에 알맞은 수를 써넣으세요.

(1) $48+29=77$

→ $77-\boxed{}=48$

$77-\boxed{}=29$

(2) $55-37=18$

→ $37+\boxed{}=\boxed{}$

$18+\boxed{}=\boxed{}$

15 □ 안에 알맞은 수를 써넣으세요.

(1) $7+\boxed{}=24$

(2) $39+\boxed{}=58$

(3) $\boxed{}-10=23$

(4) $\boxed{}-46=53$

16 □ 안에 알맞은 수를 써넣으세요.

(1) 35+18+28=□
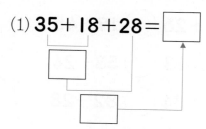

(2) 64−17−18=□
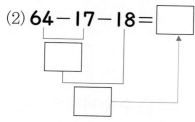

(3) 59+32−47=□
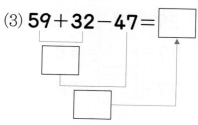

(4) 73−17+24=□
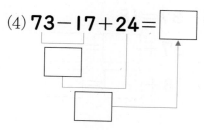

17 계산해 보세요.

(1) 29+15+36

(2) 82−28−37

(3) 67+29−38

(4) 91−43+18

18 빈 곳에 알맞은 수를 써넣으세요.

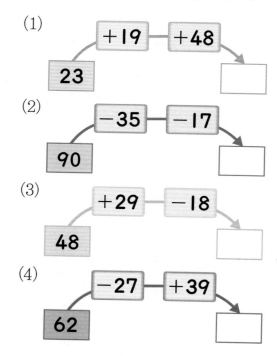

(1) 23 [+19] [+48] □

(2) 90 [−35] [−17] □

(3) 48 [+29] [−18] □

(4) 62 [−27] [+39] □

19 ○ 안에 >, <를 알맞게 써넣으세요.

(1) 52+39−27 ○ 74

(2) 71−28+47 ○ 85

20 합이 87이 되도록 세 수를 고르세요.

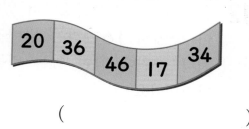

20 36 46 17 34

(   )

단원 4 길이 재기

이번에 배울 내용

1 여러 가지 단위로 길이 재기

2 Ⅰcm 알아보기, 자로 길이 재기

3 길이 어림하기

이전에 배운 내용

• 길이, 무게, 넓이, 담을 수 있는 양
  비교하기

다음에 배울 내용

• Ⅰm 알아보기
• 길이의 덧셈과 뺄셈
• Ⅰmm, Ⅰkm 알아보기

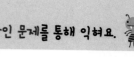
step 1 원리 꼼꼼

1. 여러 가지 단위로 길이 재기

✿ 여러 가지 단위로 길이 재기

- 여러 가지 물건의 길이를 양팔, 걸음, 뼘 등 우리 몸을 이용하여 잴 수 있습니다.

- 어떤 길이를 재는 데 기준이 되는 길이를 단위 길이라고 합니다.
  길이를 잴 때 사용할 수 있는 단위에는 여러 가지가 있습니다.

**원리 확인 ① ** 수첩의 긴 쪽의 길이를 재어 보려고 합니다. □ 안에 알맞은 수를 써넣으세요.

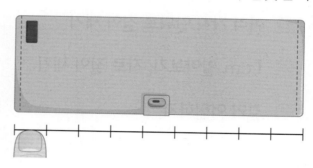

수첩의 긴 쪽의 길이를 엄지손가락 너비로 재면 ☐ 번입니다.

**원리 확인 ② ** 책꽂이의 긴 쪽의 길이를 재어 보려고 합니다. □ 안에 알맞은 수를 써넣으세요.

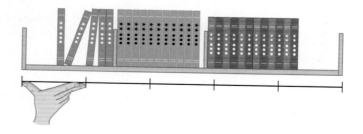

책꽂이의 긴 쪽의 길이는 ☐ 뼘입니다.

1 칠판의 긴 쪽을 재는 데 알맞은 단위에 ○표 하세요.

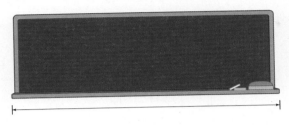

(허리둘레, 양팔)

● 1. 여러 가지 물건의 길이를 우리 몸을 이용하여 잴 수 있습니다.

2 통나무의 긴 쪽의 길이를 발걸음으로 몇 번 잰 것인가요?

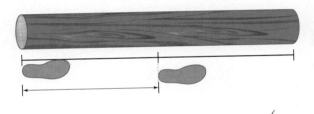

(   )

3 게시판의 긴 쪽의 길이는 양팔의 길이로 몇 번 잰 것인가요?

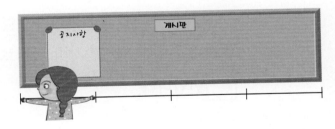

(   )

● 3. 양팔의 길이로 몇 번 재었는지 알아봅니다.

4 의자의 다리의 길이는 몇 뼘인가요?

(   )

● 4. 뼘으로 몇 번 재었는지 알아봅니다.

주어진 물건의 길이를 여러 가지 단위로 재어 보세요. [1~4]

1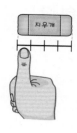

지우개의 길이를 엄지손가락 너비로 재면 □번입니다.

2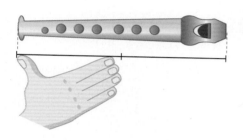

리코더의 길이를 뼘으로 재면 □번입니다.

3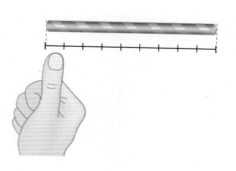

빨대의 길이를 엄지손가락 너비로 재면 □번입니다.

4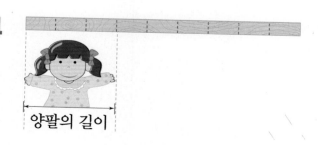

양팔의 길이

막대의 길이를 양팔의 길이로 재면 □번입니다.

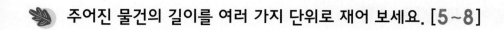
주어진 물건의 길이를 여러 가지 단위로 재어 보세요. [5~8]

5

풀의 길이를 클립으로 재면 ☐번입니다.

6

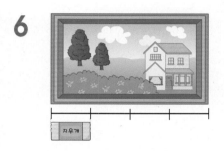

액자의 길이를 지우개로 재면 ☐번입니다.

7

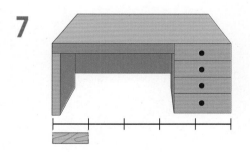

책상의 길이를 나무 막대로 재면 ☐번입니다.

8

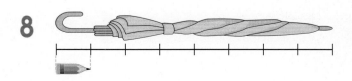

우산의 길이를 연필로 재면 ☐번입니다.

주어진 단위로 몇 번인지 알아보세요. [9~11]

9  ▢ 번

10 ▢ 번

▢ 번

11 ▢ 번

▢ 번

지우개를 단위로 하여 주어진 횟수만큼의 길이를 선으로 그어 보세요. [12~14]

12 [3번]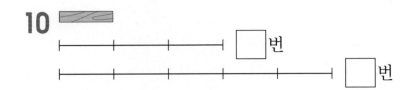

13 [5번]

14 [7번]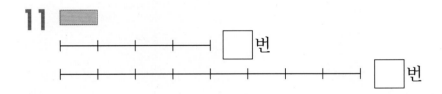

□ 안에 알맞은 수를 써넣으세요. [15~18]

15

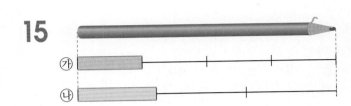

색연필의 길이를 색 테이프 ㉮로 재면 □번, 색 테이프 ㉯로 재면 □번입니다.

16

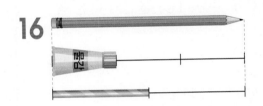

연필의 길이를 물감으로 재면 □번, 빨대로 재면 □번입니다.

17

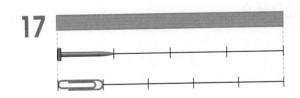

색 테이프의 길이를 못으로 재면 □번, 클립으로 재면 □번입니다.

18

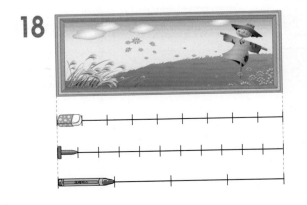

액자의 긴 쪽의 길이를 지우개로 재면 □번, 못으로 재면 □번, 크레파스로 재면 □번 입니다.

step 1 원리 꼼꼼

2. 1 cm 알아보기, 자로 길이 재기

✿ 1 cm 알아보기

• 자에서 큰 눈금 한 칸의 길이는 모두 같습니다. 이 길이를 1 cm라 쓰고, 1 센티미터라고 읽습니다.

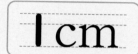

✿ 자로 길이 재기

• 물건의 길이를 자로 잴 때에는 물건의 한쪽 끝을 자의 눈금 0에 맞춘 다음, 물건의 다른 쪽 끝에 있는 자의 눈금을 읽습니다.

➡ 연필의 길이는 8 cm입니다.

원리 확인 **1** 자에 대하여 알아보려고 합니다. 물음에 답하세요.

(1) 알맞은 말에 ◯표 하세요.

자에서 큰 눈금 한 칸의 길이는 모두 (같습니다, 다릅니다).

(2) ☐ 안에 알맞게 써넣으세요.

자에서 큰 눈금 한 칸의 길이를 ☐ 라 쓰고, ☐ 라고 읽습니다.

원리 확인 **2** ☐ 안에 알맞은 수를 써넣으세요.

(1) 3 cm는 1 cm로 ☐ 번입니다.

(2) 8 cm는 1 cm로 ☐ 번입니다.

기본 문제를 통해 개념과 원리를 다져요.

1 바르게 써 보세요.

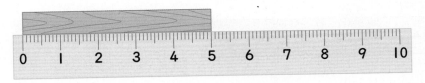

2 □ 안에 알맞은 수를 써넣으세요.

(1) **l** cm로 **2**번은 ☐ cm입니다.

(2) **l** cm로 **7**번은 ☐ cm입니다.

● **2.** l cm로 ■번은
  ■ cm입니다.

3 막대의 길이를 알아보려고 합니다. □ 안에 알맞은 수를 써넣으세요.

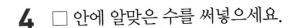

(1) 막대의 길이는 **l** cm로 ☐ 번입니다.

(2) 막대의 길이는 ☐ cm입니다.

● **3.** 자에서 큰 눈금 한
  칸의 길이는 **l** cm입
  니다. 막대의 길이는
  큰 눈금의 몇 칸의
  길이와 같은지 알아
  봅니다.

4 □ 안에 알맞은 수를 써넣으세요.

□ 안에 알맞은 수나 말을 써넣으세요. [1~5]

1

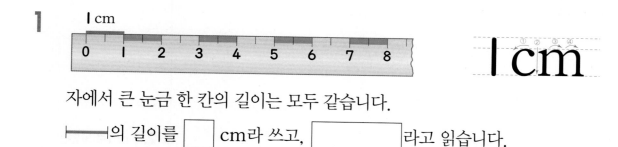

자에서 큰 눈금 한 칸의 길이는 모두 같습니다.

├───┤의 길이를 ☐ cm라 쓰고, ☐ 라고 읽습니다.

2

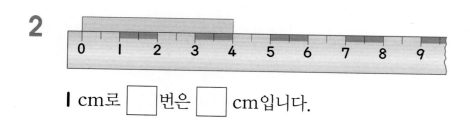

┃cm로 ☐ 번은 ☐ cm입니다.

3

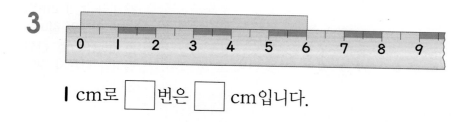

┃cm로 ☐ 번은 ☐ cm입니다.

4

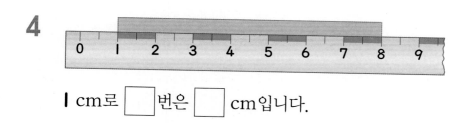

┃cm로 ☐ 번은 ☐ cm입니다.

5

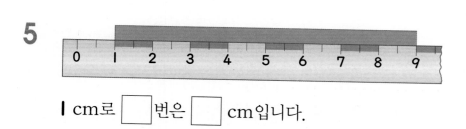

┃cm로 ☐ 번은 ☐ cm입니다.

6 길이를 바르게 잰 것을 찾아 ◯표 하세요.

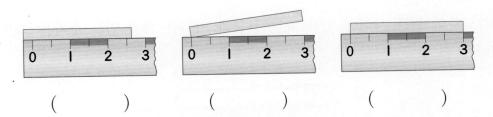

(   )   (   )   (   )

7 막대의 길이는 몇 cm인가요?

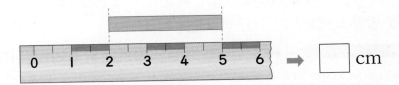 ➡ ☐ cm

🍃 **자로 길이를 재어 보세요. [8~11]**

8 ☐ cm   **9** ☐ cm

10 ☐ cm

11 ☐ cm

🍃 **자로 길이를 재어 보세요. [12~14]**

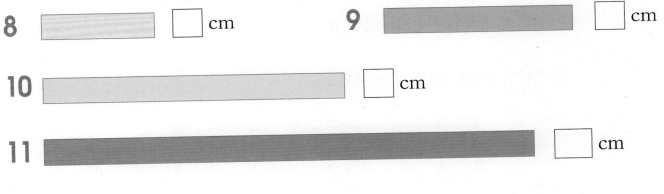

12 ☐ cm   **13** ☐ cm

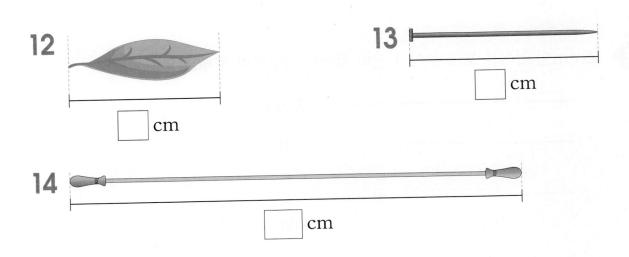

14 ☐ cm

4
단원

step 1 원리 꼼꼼

3. 길이 어림하기

♣ **길이 어림하기**

- 길이가 자의 눈금 사이에 있을 때는 눈금과 가까운 쪽에 있는 숫자를 읽으며 숫자 앞에 약이라고 붙여 말합니다.

➡ **4** cm에 가깝기 때문에 약 **4** cm입니다.

- 어림한 길이를 말할 때에는 약 ▢ cm라고 합니다.
-  ➡ 색연필을 어림한 길이는 약 **5** cm입니다.

참고 어림한 길이와 자로 잰 길이의 차가 작을수록 실제 길이에 더 가깝게 어림한 것입니다.

원리 확인 연필의 길이를 어림하고 재어 보려고 합니다. 물음에 답하세요.

(1) 연필의 길이를 어림하여 보세요. (   )

(2) 연필의 길이를 자로 재어 보세요.

(   )

원리 확인 **6** cm인 길이를 보고 주어진 선의 길이를 어림하여 보세요.

────────────── 6 cm

(1) ──────────   어림한 길이 : 약 (   ) cm

(2) ─────────────   어림한 길이 : 약 (   ) cm

기본 문제를 통해 개념과 원리를 다져요.

1 못의 길이를 어림하여 □ 안에 알맞은 수를 써넣으세요.

못의 길이는 약 ☐ cm입니다.

2 □ 안에 알맞은 수를 써넣으세요.

<hr>

어림한 길이 : 약 ☐ cm, 자로 잰 길이 : ☐ cm

2. 어떤 길이를 눈으로 보고 실제 길이에 가깝게 알아보는 것을 길이 어림하기라고 합니다.
어림한 길이는 사람마다 다를 수 있으나 자로 잰 길이는 모두 같습니다.

3 □ 안에 알맞은 수를 써넣으세요.

어림한 길이 : 약 ☐ cm, 자로 잰 길이 : ☐ cm

4 어림하여 점선을 따라 **5 cm**인 선을 그어 보세요.

     ━━ ☐ **l cm**

4. 5 cm를 어림하여 그어 봅니다.

🍂 다음 물건의 길이를 어림하여 보세요. [1~6]

1 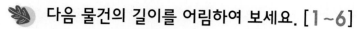 약 ☐ cm

2 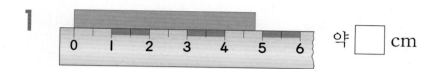 약 ☐ cm

3  약 ☐ cm

4 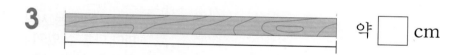 약 ☐ cm

5  약 ☐ cm

6  약 ☐ cm

주어진 길이를 어림하고 자로 재어 확인해 보세요. [7~12]

7

어림한 길이 : 약 ☐ cm

자로 잰 길이 : ☐ cm

8

어림한 길이 : 약 ☐ cm

자로 잰 길이 : ☐ cm

9

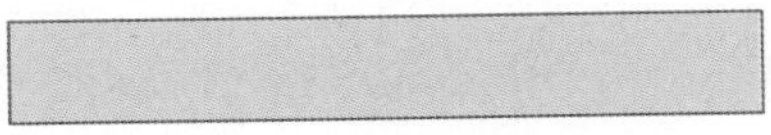

어림한 길이 : 약 ☐ cm

자로 잰 길이 : ☐ cm

10

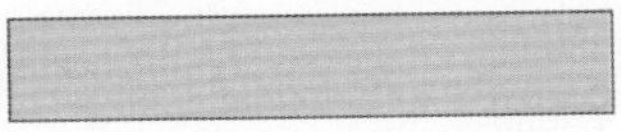

어림한 길이 : 약 ☐ cm

자로 잰 길이 : ☐ cm

11

어림한 길이 : 약 ☐ cm, 자로 잰 길이 : ☐ cm

12

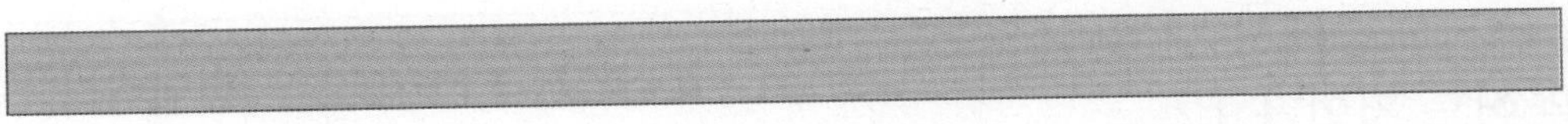

어림한 길이 : 약 ☐ cm, 자로 잰 길이 : ☐ cm

01 주어진 단위로 몇 번인가요?

□ 번

02 주어진 단위로 **5번**만큼 색칠해 보세요.

5번

03 지우개의 길이는 주어진 단위 ㉮, ㉯, ㉰로 몇 번인가요?

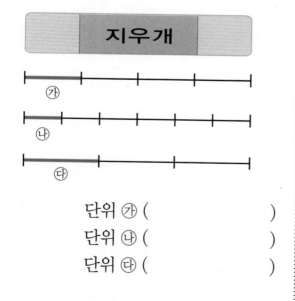

단위 ㉮ (   )

단위 ㉯ (   )

단위 ㉰ (   )

04 위 **03**의 단위 ㉮, ㉯, ㉰ 중에서 잰 횟수가 가장 많은 것은 어느 것인가요?

(   )

05 □ 안에 알맞은 수를 써넣으세요.

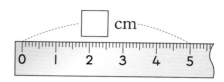

06 그림을 보고 □ 안에 알맞은 수를 써넣으세요.

(1) 크레파스의 길이는 **1** cm로 □ 번입니다.

(2) 크레파스의 길이는 □ cm입니다.

07 선의 길이는 몇 cm인가요?

(   )

08 색연필의 길이는 몇 cm인가요?

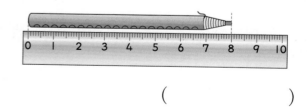

(   )

09 □ 안에 알맞은 수를 써넣으세요.

- **4** cm는 **1** cm로 □ 번입니다.
- **1** cm로 **11**번은 □ cm입니다.

10 선분의 길이를 자로 재어 보세요.

(   )

11 자로 길이를 바르게 잰 것은 어느 것인가요? (   )

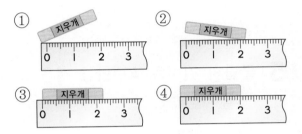

12 선분의 길이를 자로 재어 □ 안에 알맞은 수를 써넣으세요.

(1) 가장 짧은 선의 길이는 □ cm입니다.

(2) 가장 긴 선의 길이는 □ cm입니다.

13 변의 길이를 자로 재어 □ 안에 알맞은 수를 써넣으세요.

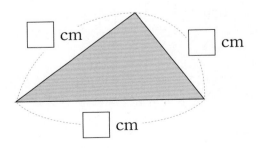

14 색 테이프의 길이를 어림하고 자로 재어보세요.

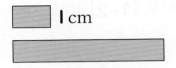 Ｉ cm

(1) 어림한 길이는 약 □ cm입니다.

(2) 자로 잰 길이는 □ cm입니다.

15 막대사탕의 길이를 어림하고 자로 재어보세요.

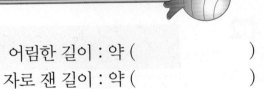

어림한 길이 : 약 (   )

자로 잰 길이 : 약 (   )

16 안경의 길이를 어림하고 자로 재어 보세요.

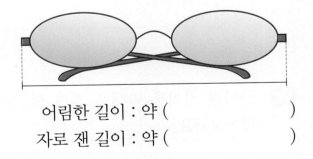

어림한 길이 : 약 (   )

자로 잰 길이 : 약 (   )

17 주어진 길이만큼 어림하여 선을 그어보세요.

4 cm

├ -

주어진 길이를 여러 가지 단위를 이용하여 재었습니다. □ 안에 알맞은 수를 써넣으세요. [1~2]

01

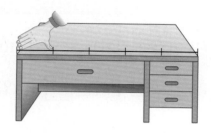

책상의 긴 쪽의 길이를 뼘으로 재면
□ 번입니다.

02

칠판의 긴 쪽의 길이를 발걸음으로 재면
□ 번입니다.

03 주어진 길이를 막대로 재면 몇 번인지 알아보세요.

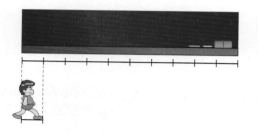

(1) □ 번

(2) □ 번

04 색 테이프의 길이로 **3**번만큼 색칠해 보세요.

05 클립의 길이로 **4**번만큼 선을 그어 보세요.

06 색 테이프의 길이는 주어진 단위로 몇 번 잰 것과 같은지 □ 안에 알맞은 수를 써넣으세요.

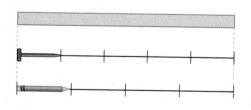

색 테이프의 길이는 못으로 □ 번,
연필로 □ 번입니다.

07 5 cm를 바르게 써 보세요.

----

08 □ 안에 알맞은 수를 써넣으세요.

(1)
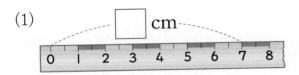
□ cm

(2)
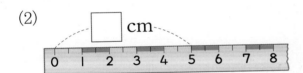
□ cm

09 그림을 보고 물음에 답하세요.

(1) 연필의 길이는 1 cm로 몇 번인가요?

( )

(2) 연필의 길이는 몇 cm인가요?

( )

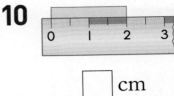 □ 안에 알맞은 수를 써넣으세요.

[10~12]

10
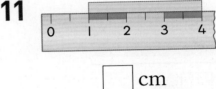
□ cm

11
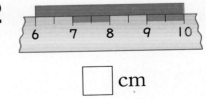
□ cm

12
□ cm

4 단원

자를 사용하여 다음의 길이를 재어 보세요. [13~15]

13  ☐ cm

14

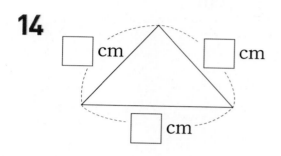

☐ cm   ☐ cm

☐ cm

15

☐ cm

주어진 길이만큼 선을 그어 보세요.
[16~18]

16 2 cm

17 3 cm

18 5 cm

19 색 테이프의 길이를 어림하고 자로 재어 보세요.

어림한 길이 : 약 ☐ cm

자로 잰 길이 : 약 ☐ cm

20 길이가 6 cm인 크레파스의 길이를 영수는 약 4 cm, 석기는 약 7 cm라고 어림했습니다. 실제 길이에 더 가깝게 어림한 사람은 누구인지 알아보려고 합니다. ☐ 안에 알맞게 써넣으세요.

☐ 가 더 가깝게 어림하였습니다.
왜냐하면 영수는 크레파스의 실제 길이와 ☐ cm 차이가 나고 석기는 실제 길이와 ☐ cm 차이가 나기 때문입니다.

단원 **5** 분류하기

step 1 원리 꼼꼼

1. 기준에 따라 분류하기

✿ 기준에 따라 분류하기

• 예슬이의 친구들이 좋아하는 채소입니다.

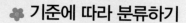

배추	오이	당근	오이	배추	양파	고추
고추	무	고추	오이	무	배추	당근

• 예슬이의 친구들이 좋아하는 채소의 이름을 적어 분류하면 다음과 같습니다.

배추	오이	당근	양파	고추	무

참고 • 어떤 기준을 정해서 나누는 것을 분류라고 합니다.

• 조사한 내용을 분류할 때에는 모양, 크기, 색깔 등 분명한 기준으로 분류합니다.

주의 조사하여 정리할 때에는 조사한 것을 두 번 쓰거나 빠뜨리지 않도록 합니다.

원리 확인 1 물건을 분류하려고 합니다. 물음에 답하세요.

수학 교과서 필통 풀 야구공 지우개 주사위 지구본 저금통 구슬

(1) 분류 기준으로 알맞은 것에 ○표 하세요.

물건의 모양	물건의 색깔
( )	( )

(2) 물건의 이름을 빈칸에 적어 같은 모양끼리 분류하여 보세요.

	수학 교과서	
	필통	
	야구공	

1 우리 반 학생들이 좋아하는 과목을 조사하였습니다. 물음에 답하세요.

(1) 분류 기준으로 알맞은 것에 ○표 하세요.

좋아하는 과목 (　　　)　　　책의 두께 (　　　)

(2) 좋아하는 과목은 무엇인지 이름을 적어 분류하세요.

국어				

2 친구들이 좋아하는 동물을 조사하였습니다. 물음에 답하세요.

(1) 분류 기준으로 알맞은 것에 ○표 하세요.

동물의 무게 (　　　)　　　동물의 종류 (　　　)

(2) 좋아하는 동물은 무엇인지 이름을 적어 분류하세요.

기린			

과목의 수를 구하는게 아니라 어떤 과목들이 있는지 알아보는거야.

그래? 알았어.

2. 같은 동물의 이름에 × 표시나 ∨ 표시를 하면 중복하여 쓰지 않을 수 있습니다.

1 수희네 반 학생들이 좋아하는 과일을 조사하였습니다. 물음에 답하세요.

(1) 분류 기준으로 알맞은 것에 ○표 하세요.

| 과일의 색깔 ( ) | 과일의 종류 ( ) |

(2) 좋아하는 과일은 무엇인지 이름을 적어 분류해 보세요.

2 우리 반 학생들이 좋아하는 채소를 조사하였습니다.

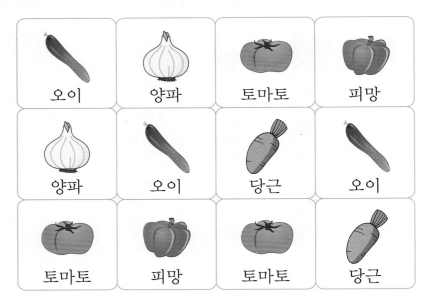

학생들이 좋아하는 채소는 무엇인지 이름을 적어 분류해 보세요.

오이			

3 여러 가지 단추를 모아 놓은 것입니다. 물음에 답하세요.

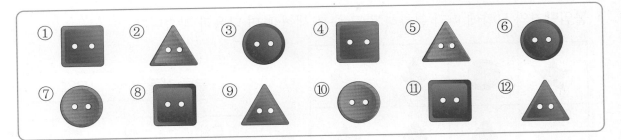

(1) 단추를 모양에 따라 분류해 보세요.

삼각형	사각형	원

(2) 단추를 색깔에 따라 분류해 보세요.

빨간색	파란색	초록색

4 도형을 분류하려고 합니다. 물음에 답하세요.

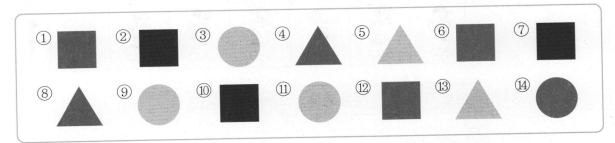

(1) 도형의 모양에 따라 분류해 보세요.

삼각형	사각형	원

(2) 도형을 색깔에 따라 분류해 보세요.

빨간색	파란색	노란색

(3) 삼각형 모양이면서 빨간색은 ☐ , ☐ 입니다.

step 1 원리 꼼꼼

2. 분류하고 세어 보기

분류하고 세어 보기

붙임딱지의 모양에 따라 분류하고 그 수를 세어 보면 다음과 같습니다.

분류 기준	모양	

모양	★	●	◆
세면서 표시하기	///	////	////\
붙임딱지 수(개)	3	4	5

원리 확인 1 수인이네 반 학생들이 뽑은 운동 그림 카드를 순서대로 나열해 놓은 것입니다. 정해진 기준에 따라 카드를 분류하고 그 수를 세어 보세요.

| 야구 | 축구 | 농구 | 수영 | 야구 | 수영 | 스키 | 스키 |
| 축구 | 야구 | 스키 | 야구 | 축구 | 야구 | 수영 | 농구 |

(1)

분류 기준	운동 종목

운동 종목				
세면서 표시하기				
카드 수(장)				

(2)

분류 기준	공을 사용하는 운동과 공을 사용하지 않는 운동

운동 종목	공을 사용하는 운동	공을 사용하지 않는 운동
세면서 표시하기		
카드 수(장)		

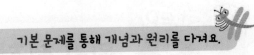

1 우리 반 학생들이 좋아하는 색깔을 조사하였습니다. 좋아하는 색깔을 분류하여 세어 보세요.

1. 세면서 / 표시를 하고 빠뜨리거나 두 번 반복하여 세지 않도록 주의합니다.

/ (1) // (2) /// (3)
//// (4) //// (5)
//// / (6) //// // (7) ···

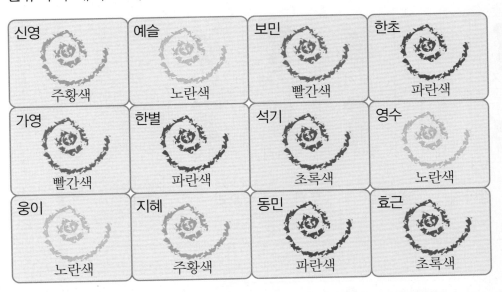

색깔	빨간색	노란색	초록색	주황색	파란색
세면서 표시하기					
학생 수(명)					

2 우리 반 학생들이 좋아하는 과일을 조사하였습니다. 좋아하는 과일을 분류하여 세어 보세요.

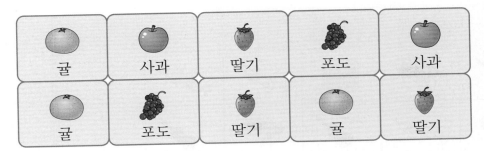

과일	귤	사과	딸기	포도
세면서 표시하기				
학생 수(명)				

기준에 따라 분류하여 수를 세어 보세요. [1~3]

1

강아지	강아지	병아리	토끼	강아지	토끼
토끼	오리	돼지	강아지	병아리	돼지

동물	강아지	병아리	토끼	오리	돼지
마리 수(마리)	4				

2

장난감	🧸	🤖	🪀	⚪
개수(개)	5			

3

악기	🎹	🎻	🥁	🎺	🪘
개수(개)					

저금통 속에 들어 있는 돈을 꺼내어 정리하려고 합니다. 기준에 따라 분류하고 세어 보세요. [4~5]

4 종류에 따라 분류하기

종류	동전	지폐
수		

5 금액에 따라 분류하기

금액	백 원	오백 원	천 원
수			

여러 가지 모양의 단추를 모았습니다. 기준에 따라 분류하고 세어 보세요. [6~8]

6

모양	△	○	□
단추 수(개)			

7

색깔	파란색	빨간색	연두색
단추 수(개)			

8

구멍 수	2개	3개	4개
단추 수(개)			

3. 분류한 결과 알아보기

❋ **분류한 결과 알아보기**

가영이네 반 학생들이 생일날 받고 싶어 하는 선물에 따라 분류하여 세어 본 것입니다. 분류한 결과를 친구들과 이야기해 보세요.

자전거	자전거	로봇	자전거	농구공
로봇	자전거	자전거	농구공	로봇
모자	자전거	로봇	농구공	로봇

선물	모자	농구공	로봇	자전거
학생 수(명)	1	3	5	6

• 가장 많은 학생들이 받고 싶어 하는 선물은 자전거입니다.

• 가장 적은 학생들이 받고 싶어 하는 선물은 모자입니다.

(참고) 분류하여 세어 본 것을 표로 나타내면 가장 많은 것과 가장 적은 것 등을 한 눈에 알 수 있습니다.

🍀 한별이네 반 학생들이 좋아하는 놀이 기구를 조사한 것입니다. 물음에 답하세요. [1~2]

회전목마	바이킹	우주 관람차	회전목마	바이킹	급류타기
급류타기	우주 관람차	바이킹	회전목마	급류타기	회전목마

원리 확인 1 좋아하는 놀이 기구에 따라 학생 수를 세어 보세요.

놀이 기구	우주 관람차	바이킹	회전목마	급류타기
세면서 표시하기	//			
학생 수(명)	2			

원리 확인 2 가장 많은 학생들이 좋아하는 놀이 기구는 무엇인가요?

( )

2학년 학생 20명에게 견학가고 싶은 장소를 조사하였습니다. 물음에 답하세요. [1~3]

1 견학가고 싶은 장소를 분류하여 세어 보세요.

장소	경복궁	과학박물관		
학생 수(명)				

2 가장 많은 학생들이 견학가고 싶은 장소는 어디인가요?

( )

3 방송국에 가고 싶어 하는 학생 수는 아쿠아리움에 가고 싶어 하는 학생 수보다 몇 명 더 많은가요?

( )

1. 종류별로 / 표시나 × 표시를 하면서 세어 봅니다.

2. 1의 표를 보고 문제를 해결해 봅니다.

5
단원

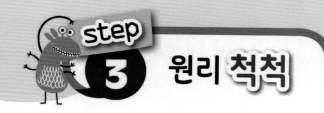

🌿 냉장고에 있는 과일을 조사하여 나타낸 표입니다. 표를 보고 ☐ 안에 알맞게 써넣으세요.

[1~2]

과일	귤	사과	배	딸기
수(개)	4	2	1	5

1 가장 많은 과일은 ☐ 이고 가장 적은 과일은 ☐ 입니다.

2 가장 많은 과일부터 순서대로 쓰면 ☐, ☐, ☐, ☐ 입니다.

🌿 어느 달의 날씨를 달력에 표시한 것입니다. 물음에 답하세요. [3~5]

일	월	화	수	목	금	토
		1 ☀	2 ☀	3 ☁	4 🌂	5 ☀
6 ☀	7 ☁	8 ☀	9 ☁	10 🌂	11 ☀	12 ☀
13 ☁	14 🌂	15 🌂	16 ☁	17 🌂	18 ☀	19 🌂
20 🌂	21 ☁	22 ☁	23 ☁	24 🌂	25 🌂	26 ☀
27 ☁	28 🌂	29 🌂	30 ☀	31 ☀		

☀ 맑은 날   ☁ 흐린 날   🌂 비 온 날

3 날씨에 따라 분류하여 세어 보세요.

날씨	☀	☁	🌂
날수(일)			

4 이 달의 날씨는 어떤 날이 가장 많았나요?

( )

5 한 달 동안의 날씨를 분류하면 어떤 점을 알 수 있는지 써보세요.

슬기네 반 학생들이 좋아하는 동물을 조사하였습니다. 물음에 답하세요. [6~9]

강아지	강아지	고양이	토끼
고양이	고양이	토끼	원숭이
고양이	강아지	원숭이	고양이
사자	고양이	강아지	원숭이

6 좋아하는 동물에 따라 분류하여 학생 수를 세어 보세요.

동물	강아지				
학생 수(명)					

7 가장 많은 학생들이 좋아하는 동물은 무엇인가요?

( )

8 고양이를 좋아하는 학생은 토끼를 좋아하는 학생보다 몇 명 더 많은가요?

( )

9 가장 많은 학생들이 좋아하는 동물부터 순서대로 써 보세요.

(, , , ,)

01 소라네 반 학생들이 좋아하는 채소를 조사하였습니다. 채소를 종류에 따라 분류하여 이름을 쓰세요.

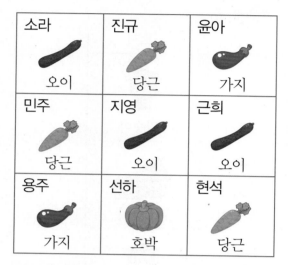

소라	진규	윤아
오이	당근	가지
민주	지영	근희
당근	오이	오이
용주	선하	현석
가지	호박	당근

종류	오이			

02 분류 기준으로 알맞지 않은 것에 ×표 하세요.

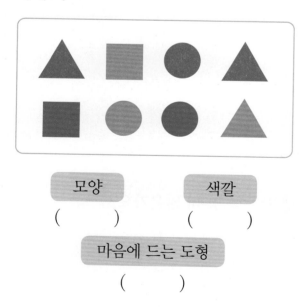

모양   색깔

(   )   (   )

마음에 드는 도형

(   )

03 어느 연못 주변입니다. 어떤 동물들이 있는지 분류하여 세어 보세요.

종류	개구리	물고기	벌	나비
동물 수 (마리)				

04 단추를 모양에 따라 분류하고 그 수를 세어 보세요.

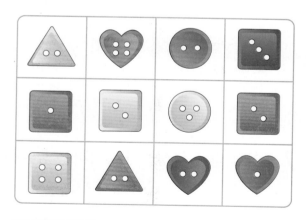

모양	△	♥	●	■
세면서 표시하기				
단추 수(개)				

한솔이네 반 학생들이 좋아하는 계절을 조사하였습니다. 물음에 답하세요. [05~07]

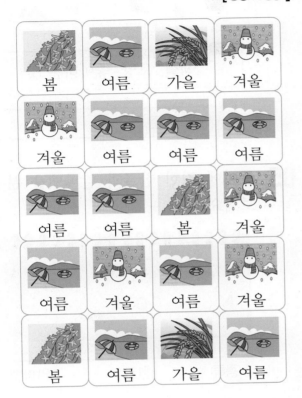

05 좋아하는 계절에 따라 분류하여 세어 보세요.

계절	봄	여름	가을	겨울
학생 수(명)				

06 가장 많은 학생들이 좋아하는 계절을 쓰세요.

( )

07 겨울을 좋아하는 학생 수는 봄을 좋아하는 학생 수보다 몇 명 더 많은가요?

( )

어느 달의 날씨를 조사하였습니다. 물음에 답하세요. [08~10]

08 날씨를 분류하여 세어 보세요.

09 어떤 날씨의 날수가 가장 적은지 ○표 하세요.

( ) ( ) ( ) ( )

10 해가 뜬 날은 눈이 온 날보다 며칠 더 많은가요?

( )

영수네 반 학생들이 좋아하는 색깔을 조사한 것입니다. 물음에 답하세요.

[01~02]

영수	가영	신영	지혜
노란색	초록색	빨간색	파란색
지숙	한별	승주	웅이
보라색	노란색	빨간색	빨간색
재석	진영	선주	동민
보라색	파란색	초록색	빨간색

01 노란색을 좋아하는 학생의 이름을 찾아 모두 쓰세요.

( )

02 영수네 반 학생들이 좋아하는 색깔은 무엇인지 색깔에 따라 분류하여 보세요.

노란색			

03 학생들이 좋아하는 과일을 조사하였습니다. 좋아하는 과일에 따라 분류하여 보세요.

수박	포도	사과	사과	포도
사과	딸기	수박	바나나	수박
수박	포도	바나나	딸기	바나나

04 보기에서 분류 기준을 찾아 써 보세요.

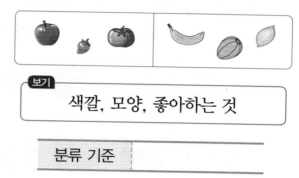

보기

색깔, 모양, 좋아하는 것

분류 기준	

05 종이에 적힌 한글과 알파벳을 분류해 보세요.

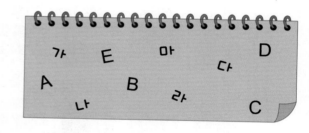

종류	한글	알파벳
글자		

06 지혜네 반 학생들이 좋아하는 동물을 조사한 것입니다. 지혜네 반 학생들이 좋아하는 동물에 따라 분류하고 그 수를 세어 보세요.

고양이	토끼	토끼	호랑이
강아지	강아지	토끼	강아지
호랑이	토끼	고양이	고양이
강아지	호랑이	호랑이	강아지

동물	강아지	토끼	고양이	호랑이
세면서 표시하기				
학생 수(명)				

07 06번에서 가장 많은 어린이들이 좋아하는 동물은 무엇인가요?

(   )

예슬이의 친구들이 여행을 갈 때 타고 싶어 하는 것을 조사한 것입니다. 물음에 답하세요. [08~11]

예슬	효근	지혜	상민
배	비행기	기차	비행기
성진	지연	재우	가영
자전거	비행기	배	기차

08 예슬이가 타고 싶어 하는 것은 무엇인가요?

(   )

09 친구들이 타고 싶어 하는 것을 모두 쓰세요.

(   )

10 친구들이 타고 싶어 하는 것은 모두 몇 가지인가요?

(   )

11 비행기를 타고 싶어 하는 친구의 이름을 모두 쓰시오.

(   )

우리 반 학생들의 장래 희망을 조사한 것입니다. 물음에 답하세요. [12~14]

선생님	의사	연예인	의사	과학자
선생님	운동 선수	선생님	과학자	연예인
연예인	연예인	의사	운동 선수	선생님
연예인	운동 선수	의사	연예인	선생님

12 학생들의 장래 희망에 따라 분류하고 그 수를 세어 보세요.

장래 희망	선생님			
수(명)				

13 가장 많은 학생들의 장래 희망은 무엇인가요?

(   )

14 장래 희망이 선생님인 학생 수는 장래 희망이 과학자인 학생 수보다 몇 명 더 많은가요?

(   )

예슬이가 가지고 있는 단추를 조사한 것입니다. 물음에 답하세요. [15~17]

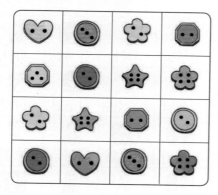

여러 가지 블록이 있습니다. 물음에 답하세요. [18~20]

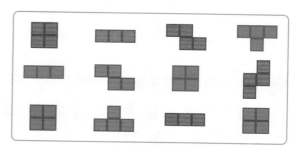

15 색깔에 따라 분류하여 세어 보세요.

색깔	노란색	주황색	파란색	연두색
단추 수(개)				

18 모양에 따라 분류하고 그 수를 세어 보세요.

모양				
수(개)				

16 구멍의 수에 따라 분류하여 세어 보세요.

구멍의 수	2개	3개	4개
단추 수(개)			

19 색깔에 따라 분류하고 그 수를 세어 보세요.

색깔			
개수(개)			

17 모양에 따라 분류하여 세어 보세요.

모양					
단추 수(개)					

20 가장 많이 있는 블록의 색깔은 무엇인가요?

( )

단원 **6** **곱셈**

이번에 배울 내용

1 묶어 세어 보기

2 몇의 몇 배 알아보기

3 곱셈 알아보기

4 곱셈식으로 나타내기

이전에 배운 내용

• 10개씩 묶어 세기,
  100개씩 묶어 세기
• 받아올림이 있는 덧셈

다음에 배울 내용

• 곱셈 구구

1. 묶어 세어 보기

☘ **여러 가지 방법으로 세어 보기**

〈방법 1〉 하나씩 세어 보기

1, 2, 3, …, 12이므로 밤은 모두 **12**개입니다.

〈방법 2〉 뛰어 세어 보기

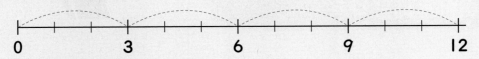

3씩 뛰어서 세면 밤은 모두 **12**개입니다.

〈방법 3〉 묶어 세어 보기

3개씩 **4**묶음이므로 밤은 모두 **12**개입니다.

☘ **묶어 세어 보기**

2씩 **4**묶음   **4**씩 **2**묶음

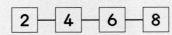

원리 확인 ① 구슬이 모두 몇 개인지 알아보세요.

(1) 구슬을 ☐개씩 묶었습니다.

(2) 구슬은 ☐묶음입니다.

(3) 구슬은 ☐개씩 ☐묶음입니다.

(4) 구슬은 모두 ☐개입니다.

기본 문제를 통해 개념과 원리를 다져요.

1 몇 개인지 뛰어 세어 보세요.

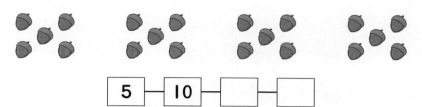

| 5 | 10 | | |

2 아이스크림을 3개씩 묶어 보세요.

● **2.** 아이스크림을 3개씩 묶어 봅니다.

3 그림을 보고 □ 안에 알맞은 수를 써넣으세요.

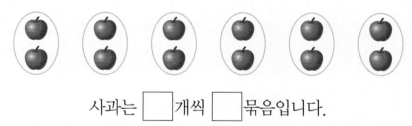

사과는 □개씩 □묶음입니다.

● **3.** 몇씩 몇 묶음인지 알아봅니다.

4 그림을 보고 □ 안에 알맞은 수를 써넣으세요.

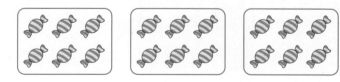

(1) 6개씩 묶어 보면 □묶음입니다.

(2) | 6 | | |

(3) 사탕은 모두 □개입니다.

● **4.** 6개씩 묶어 세기는 6씩 뛰어 세기 한 것과 같습니다.

1 **2**씩 묶어 세어 보세요.

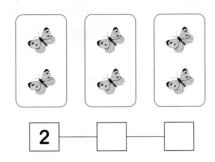

2 — ☐ — ☐

2 **3**씩 묶어 세어 보세요.

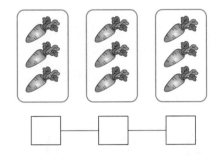

☐ — ☐ — ☐

3 **4**씩 묶어 세어 보세요.

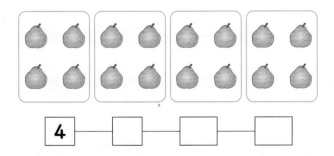

4 — ☐ — ☐ — ☐

4 **6**씩 묶어 세어 보세요.

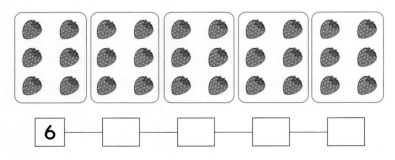

6 — ☐ — ☐ — ☐ — ☐

■씩 뛰어 셀 때, □ 안에 알맞은 수를 써넣으세요. [5~10]

5

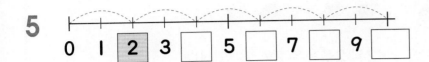

0 I 2 3 □ 5 □ 7 □ 9 □

6

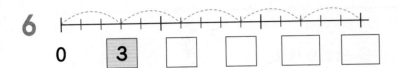

0 3 □ □ □ □

7

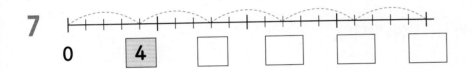

0 4 □ □ □ □

8

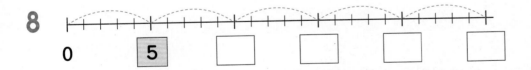

0 5 □ □ □ □

9

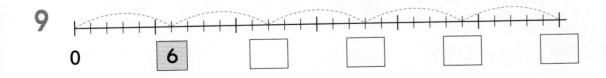

0 6 □ □ □ □

10

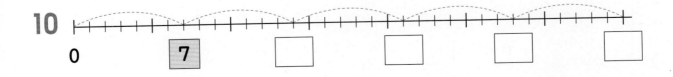

0 7 □ □ □ □

🍀 **몇의 몇 배 알아보기**

- **2**씩 **1**묶음은 **2**의 **1**배입니다.
- **2**씩 **3**묶음은 **2**의 **3**배입니다.
- **2**씩 **2**묶음은 **2**의 **2**배입니다.
- **2**씩 **4**묶음은 **2**의 **4**배입니다.

■씩 ▲묶음은 ■의 ▲배입니다.

원리 확인 **1** 그림을 보고 □ 안에 알맞은 수를 써넣으세요.

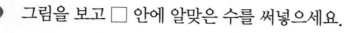

(1) 귤의 수는 **3**개씩 □묶음입니다.

(2) 귤의 수는 **3**의 □배입니다.

원리 확인 **2** 그림을 보고 □ 안에 알맞은 수를 써넣으세요.

(1) 축구공의 수는 **4**개씩 □묶음입니다.

(2) 축구공의 수는 **4**의 □배입니다.

step 2 원리 탄탄

1 그림을 보고 □ 안에 알맞은 수를 써넣으세요.

5씩 3묶음은 5의 □ 배입니다.

1. ●씩 ■묶음
→ ●의 ■배

2 그림을 보고 □ 안에 알맞은 수를 써넣으세요.

(1) 6씩 3묶음은 6의 □ 배입니다.

(2) 3씩 6묶음은 3의 □ 배입니다.

2. 토마토를 6개씩, 3개씩 묶어 각각 몇 묶음인지 알아봅니다.

3 그림을 보고 □ 안에 알맞은 수를 써넣으세요.

4씩 □ 묶음 ➡ 4의 □ 배

3. 어떤 수의 ★배는 어떤 수를 ★번 더하는 것과 같습니다.

4 ●● 의 3배가 되는 수만큼 ●● 을 그리세요.

🍂 ☐ 안에 알맞은 수를 써넣으세요. [1~5]

1

2씩 ☐ 묶음은 2의 ☐ 배입니다.

2

3씩 ☐ 묶음은 3의 ☐ 배입니다.

3

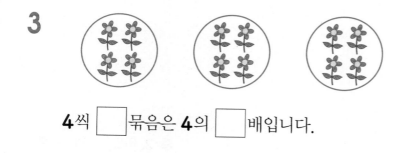

4씩 ☐ 묶음은 4의 ☐ 배입니다.

4

5씩 ☐ 묶음은 5의 ☐ 배입니다.

5

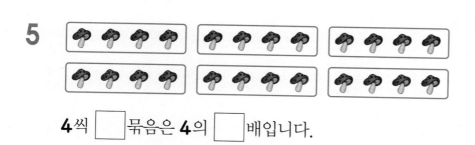

4씩 ☐ 묶음은 4의 ☐ 배입니다.

🍂 □ 안에 알맞은 수를 써넣으세요. [6~11]

6 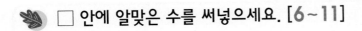 의 □ 배는 입니다.

7  의 □ 배는 입니다.

8  의 □ 배는 입니다.

9  은 의 □ 배입니다.

10  은 의 □ 배입니다.

11  은 의 □ 배입니다.

step 1 원리 꼼꼼

✿ 곱셈 알아보기

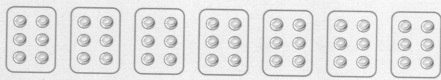

• 구슬은 **6**개씩 **7**묶음입니다.
• 구슬의 수는 **6**의 **7**배입니다.
• **6**의 **7**배를 **6 × 7**이라고 씁니다.
• **6 × 7**은 **6** 곱하기 **7**이라고 읽습니다.

원리 확인 ① 사과를 **8**개씩 묶어서 세어 보세요.

(1) 사과는 **8**개씩 ☐ 묶음입니다.

(2) 사과의 수는 **8**의 ☐ 배입니다.

(3) 사과의 수를 곱셈으로 나타내면 **8 ×** ☐ 입니다.

원리 확인 ② 공깃돌을 **6**개씩 묶어서 세어 보세요.

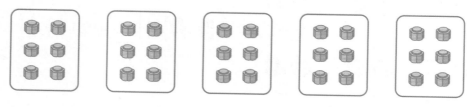

(1) 공깃돌이 **6**개씩 ☐ 묶음입니다.

(2) **6 +** ☐ **+** ☐ **+** ☐ **+** ☐ **➡ 6 ×** ☐

 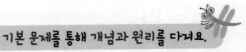

1 □ 안에 알맞은 수나 말을 써넣으세요.

(1) **3**의 **7**배를 **3 ×** □ 이라고 씁니다.

(2) **3 × 7**은 **3** □ **7**이라고 읽습니다.

1. ●의 ▦배
→ ● × ▦
→ ● 곱하기 ▦

2 그림을 보고 □ 안에 알맞은 수를 써넣으세요.

(1) 가지가 **5**개씩 □ 묶음 있습니다.

(2) **5 +** □ **+** □ **+** □ **+** □ **+** □ 는

5 × □ 과 같습니다.

6
단원

3 그림을 보고 □ 안에 알맞은 수를 써넣으세요.

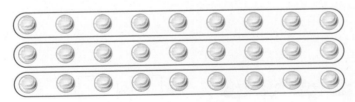

9의 □ 배는 **9 ×** □ 이라고 씁니다.

3. ★의 ●배
→ ★ × ●

4 □ 안에 알맞은 수를 써넣으세요.

7 + 7 + 7 + 7 + 7 + 7 + 7 + 7
→ 7 × □

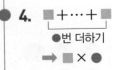
4. ▦ + ⋯ + ▦
●번 더하기
→ ▦ × ●

🍂 그림을 보고 □ 안에 알맞은 수를 써넣으세요. [1~5]

1

4의 3배를 □ × □ 이라고 씁니다.

4 × 3은 □ 곱하기 □ 이라고 읽습니다.

2

➡ 3의 □ 배

➡ □ × □

3

➡ 5의 □ 배

➡ □ × □

4

➡ □ 의 □ 배

➡ □ × □

5

➡ □ 의 □ 배

➡ □ × □

수직선을 보고 □ 안에 알맞은 수를 써넣으세요. [6~10]

6
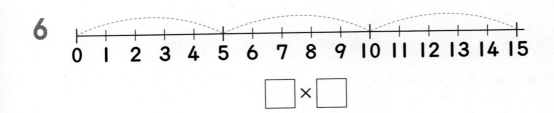

7
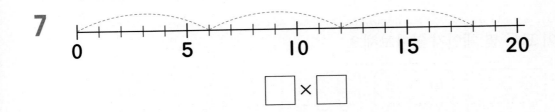

8
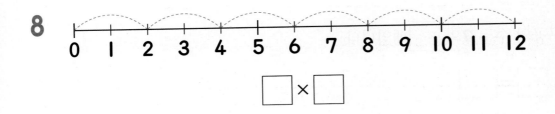

9
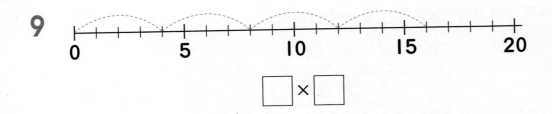

10
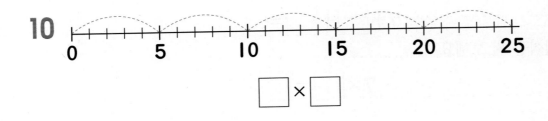

원리 꼼꼼

4. 곱셈식으로 나타내기

✿ **곱셈식으로 나타내기**

- 4＋4＋4＋4＋4＋4는 4×6과 같습니다.
- 4×6＝24
- 4×6＝24는 4곱하기 6은 24와 같습니다라고 읽습니다.
- 4와 6의 곱은 24입니다.

원리 확인 ❶ 탁구공이 모두 몇 개인지 알아보세요.

(1) **9**개씩 ☐ 묶음입니다.

(2) 탁구공의 수는 **9**의 ☐ 배입니다.

(3) **9** × ☐ ＝ ☐

(4) 탁구공은 모두 ☐ 개입니다.

원리 확인 ❷ 지우개가 **7**개씩 **3**줄 있습니다. 물음에 답하세요.

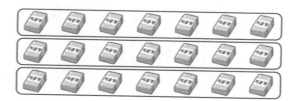

(1) 덧셈식으로 써 보세요.

7 ＋ ☐ ＋ ☐ ＝ ☐

(2) 곱셈식을 써 보세요.

7 × ☐ ＝ ☐

1 그림을 보고 ☐ 안에 알맞은 수를 써넣으세요.

● 1. 4씩 7묶음을 곱셈을 이용하여 나타냅니다.

풀은 ☐ 개씩 ☐ 묶음이므로 모두 ☐ 개입니다.

곱셈식 $4 \times$ ☐ $=$ ☐

읽기 ☐ 곱하기 ☐ 은 ☐ 과 같습니다.

2 그림을 보고 ☐ 안에 알맞은 수를 써넣으세요.

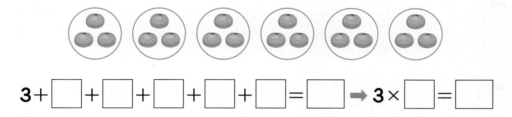

$3+$ ☐ $+$ ☐ $+$ ☐ $+$ ☐ $+$ ☐ $=$ ☐ ➡ $3 \times$ ☐ $=$ ☐

3 그림을 보고 ☐ 안에 알맞은 수를 써넣으세요.

● 3. 몇 개씩 몇 묶음인지 알아봅니다.

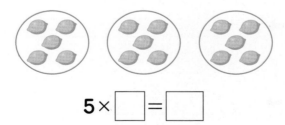

$5 \times$ ☐ $=$ ☐

4 곱셈식으로 나타내 보세요.

(1) $8+8+8+8+8=40$ ➡ $8 \times$ ☐ $=$ ☐

(2) 6의 4배는 24입니다. ➡ $6 \times$ ☐ $=$ ☐

(3) 2와 7의 곱은 14입니다. ➡ $2 \times$ ☐ $=$ ☐

🌿 곱셈식을 읽어 보세요. [1~5]

1 2×5=10 ➡ _____

2 3×8=24 ➡ _____

3 4×6=24 ➡ _____

4 5×4=20 ➡ _____

5 7×8=56 ➡ _____

🌿 곱셈식으로 나타내 보세요. [6~10]

6 2 곱하기 **7**은 **14**와 같습니다. ➡ _____

7 8 곱하기 **4**는 **32**와 같습니다. ➡ _____

8 7 곱하기 **5**는 **35**와 같습니다. ➡ _____

9 5 곱하기 **8**은 **40**과 같습니다. ➡ _____

10 6 곱하기 **7**은 **42**와 같습니다. ➡ _____

🍂 덧셈식을 곱셈식으로 나타내세요. [11~20]

11 $2+2+2+2+2=10$ ➡ _____

12 $5+5+5+5=20$ ➡ _____

13 $3+3+3+3=12$ ➡ _____

14 $6+6+6+6+6=30$ ➡ _____

15 $4+4+4+4+4+4=24$ ➡ _____

16 $7+7+7+7=28$ ➡ _____

17 $9+9+9+9+9=45$ ➡ _____

18 $8+8+8+8+8+8+8=56$ ➡ _____

19 $6+6+6+6+6+6=36$ ➡ _____

20 $7+7+7+7+7+7+7=49$ ➡ _____

🍂 곱셈식을 덧셈식으로 나타내세요. [21~30]

21 $2 \times 4 = 8$ ➡ _____

22 $3 \times 7 = 21$ ➡ _____

23 $5 \times 5 = 25$ ➡ _____

24 $6 \times 5 = 30$ ➡ _____

25 $4 \times 7 = 28$ ➡ _____

26 $8 \times 4 = 32$ ➡ _____

27 $7 \times 6 = 42$ ➡ _____

28 $9 \times 7 = 63$ ➡ _____

29 $3 \times 8 = 24$ ➡ _____

30 $9 \times 5 = 45$ ➡ _____

🍃 보기 와 같이 덧셈식을 이용하여 곱을 구하세요. [31~38]

보기
$$3 \times 4 \implies 3+3+3+3=12 \implies 3 \times 4 = 12$$

31 6×3 ➡ _____ ➡ _____

32 2×6 ➡ _____ ➡ _____

33 3×5 ➡ _____ ➡ _____

34 5×6 ➡ _____ ➡ _____

35 7×5 ➡ _____ ➡ _____

36 8×6 ➡ _____ ➡ _____

37 9×4 ➡ _____ ➡ _____

38 6×7 ➡ _____ ➡ _____

6단원

🌿 그림을 보고 곱셈식으로 나타내 보세요. [39~43]

39

$2 \times \square = \square$

40

$4 \times \square = \square$

41

$5 \times \square = \square$

42

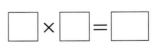

43

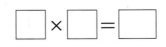

그림을 보고 □ 안에 알맞은 수를 써넣으세요. [44~48]

44

$3 \times \boxed{} = \boxed{}$

$2 \times \boxed{} = \boxed{}$

45

$5 \times \boxed{} = \boxed{}$

$4 \times \boxed{} = \boxed{}$

46

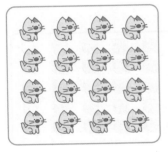

$2 \times \boxed{} = \boxed{}$

$4 \times \boxed{} = \boxed{}$

$8 \times \boxed{} = \boxed{}$

47

$8 \times \boxed{} = \boxed{}$

$6 \times \boxed{} = \boxed{}$

$4 \times \boxed{} = \boxed{}$

$3 \times \boxed{} = \boxed{}$

48

$\boxed{} \times \boxed{} = \boxed{}$, $\boxed{} \times \boxed{} = \boxed{}$

$\boxed{} \times \boxed{} = \boxed{}$, $\boxed{} \times \boxed{} = \boxed{}$

01 몇 개씩 몇 묶음인지 쓰세요.

□ 개씩 □ 묶음

02 컵이 **35**개 있습니다. **7**개씩 묶어 보면 몇 묶음인가요?

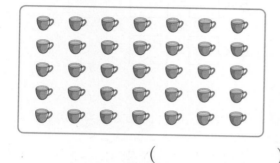

( )

03 당근이 **16**개 있습니다. **8**개씩 묶어 보면 몇 묶음인가요?

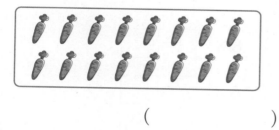

( )

04 □ 안에 알맞은 수를 써넣으세요.

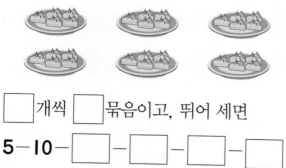

□ 개씩 □ 묶음이고, 뛰어 세면

5 - 10 - □ - □ - □ - □

이므로 케이크는 모두 □ 조각입니다.

05 그림을 보고 □ 안에 알맞은 수를 써 넣으세요.

2개씩 □ 묶음은 **2**의 □ 배입니다.

2의 **6**배는 □ 입니다.

06 그림을 보고 □ 안에 알맞은 수를 써넣으세요.

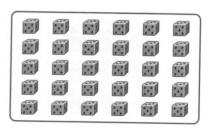

⑴ **30**은 **5**의 □ 배입니다.

⑵ **30**은 **6**의 □ 배입니다.

07 그림을 보고 □ 안에 알맞은 수를 써 넣으세요.

```
├┼┼┼┼┼┼┼┼┼┼┼┼┼┼┼┼┼┼┼┼┼┼┼┼┼┼┼┼┼┼┤
0    5    10   15   20   25   30
```

8의 □ 배는 □ 입니다.

08 □ 안에 알맞은 수를 써넣으세요.

물감이 □ 개씩 □ 묶음 있습니다.

3+□+□+□+□+□

➡ □ × □

09 □ 안에 알맞게 써넣으세요.

□ 자루씩 □ 통 있으므로

색연필은 모두 □ 자루입니다.

이것을 □ × □ = □ 라 쓰고,

'□ 는 □ 와 같습니다.'

라고 읽습니다.

10 다음을 곱셈식으로 나타내 보세요.

(1) **5**씩 **4**묶음은 **20**입니다.

➡ _____

(2) **3+3+3+3+3=15**

➡ _____

(3) **6**의 **3**배는 **18**입니다.

➡ _____

(4) **7**과 **4**의 곱은 **28**입니다.

➡ _____

11 **6**명의 친구가 가위바위보를 합니다. 모두 가위를 내었을 때 펼친 손가락은 모두 몇 개인가요?

( )

12 그림을 보고 만들 수 있는 곱셈식을 모두 쓰세요.

2 × □ = □ , 3 × □ = □

6 × □ = □ , 9 × □ = □

13 과일 가게에 한 송이에 **7**개씩 있는 바나나가 **5**송이 있습니다. 물음에 답하세요.

(1) 바나나 **5**송이는 모두 몇 개인가요?

( )

(2) 손님이 바나나를 **3**송이 샀습니다. 손님이 산 바나나는 모두 몇 개인가요?

( )

(3) 과일 가게에 남은 바나나는 모두 몇 개인가요?

( )

01 2씩 묶어 세어 보세요.

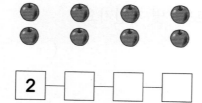

| 2 | □ | □ | □ |

02 그림을 보고 □ 안에 알맞은 수를 써넣으세요.

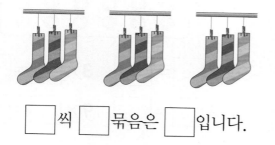

□ 씩 □ 묶음은 □ 입니다.

03 그림을 보고 물음에 답하세요.

(1) 무를 3개씩 묶으면 몇 묶음인가요?
( )

(2) 12는 3의 몇 배인가요?
( )

04 □ 안에 알맞은 수를 써넣으세요.

(1)  의 □ 배는 입니다.

(2) 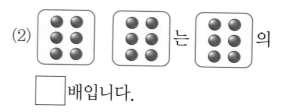 는 의 □ 배입니다.

05 빈곳에 △△△ 의 4배만큼 그림을 그려 보세요.

06 그림을 보고 □ 안에 알맞은 수를 써넣으세요.

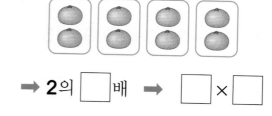

➡ 2의 □ 배 ➡ □ × □

07 □ 안에 알맞은 수를 써넣으세요.

(1) 18은 3의 □ 배입니다.

(2) 56는 □ 의 8배입니다.

08 빈칸에 알맞은 곱셈식을 써넣으세요.

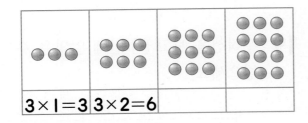

| 3×1=3 | 3×2=6 | | |

09 그림을 보고 □ 안에 알맞은 수를 써 넣으세요.

볼링핀이 □ 개씩 □ 묶음 있습니다.

4 × □ = □ 이므로 볼링핀은

모두 □ 개입니다.

10 곱셈식을 읽어 보세요.

$$6 \times 4 = 24$$

➡ _____

11 곱셈식으로 나타내 보세요.

7 곱하기 3은 21과 같습니다.

➡ _____

12 덧셈식을 곱셈식으로 나타내 보세요.

$$8 + 8 + 8 + 8 = 32$$

➡ _____

13 곱셈식을 덧셈식으로 나타내 보세요.

$$5 \times 7 = 35$$

➡ _____

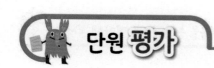
14 그림을 보고 □ 안에 알맞은 수를 써 넣으세요.

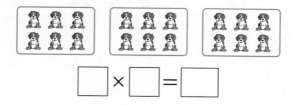

$\square \times \square = \square$

□ 안에 알맞은 수를 써넣으세요.

[15~17]

15 8씩 3묶음은 $\square$ 입니다.

➡ $\square \times \square = \square$

16 $9+9+9=\square$

➡ $\square \times \square = \square$

17 5의 8배는 $\square$ 입니다.

➡ $\square \times \square = \square$

18 그림을 보고 □ 안에 알맞은 수를 써 넣으세요.

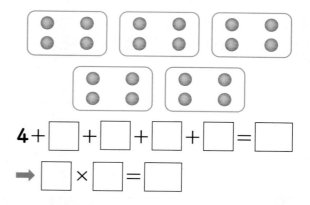

$4+\square+\square+\square+\square=\square$

➡ $\square \times \square = \square$

19 수직선을 보고 □ 안에 알맞은 수를 써 넣으세요.

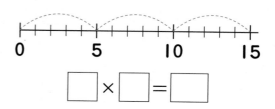

$\square \times \square = \square$

20 그림을 보고 만들 수 있는 곱셈식을 쓰 세요.

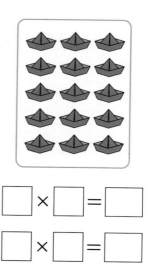

$\square \times \square = \square$

$\square \times \square = \square$

MEMO

개념과 원리를 다지고
계산력을 키우는

왕수학

개념+연산

정답과 풀이

2-1

(주)에듀왕

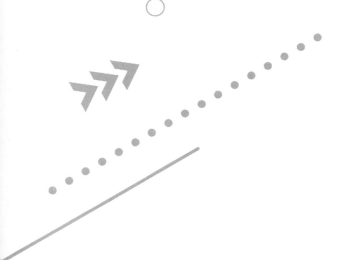

정답과 풀이

2-1

1. 세 자리 수

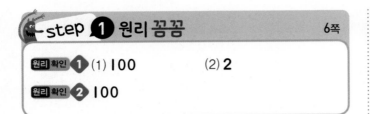

step 1 원리 꼼꼼　　　　　　6쪽

원리확인 ❶ (1) 100　　　(2) 2

원리확인 ❷ 100

---

step 2 원리 탄탄　　　　　　7쪽

1 10, 백

2 (1) 1　　　　　(2) 100

3 100, 80　　　4 100

1 90보다 10만큼 더 큰 수는 100입니다. 100은
　　백이라고 읽습니다.

---

step 3 원리 척척　　　　　　8~9쪽

1 100　　　　　　2 96, 98, 100

3 100　　　　　　4 40, 70, 90, 100

5 100　　　　　　6 100

7 3　　　　　　　8 20

9 8, 0, 80　　　10 8, 20, 100

11 9, 0, 90　　　12 9, 10, 100

13 10, 0, 100　　14 1, 0, 0, 100

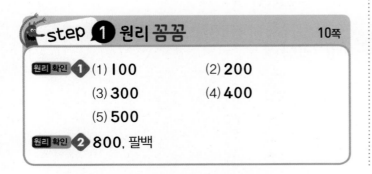

step 1 원리 꼼꼼　　　　　　10쪽

원리확인 ❶ (1) 100　　　(2) 200

　　　　　　(3) 300　　　(4) 400

　　　　　　(5) 500

원리확인 ❷ 800, 팔백

---

step 2 원리 탄탄　　　　　　11쪽

1 700　　　　　　2 600, 육백

3 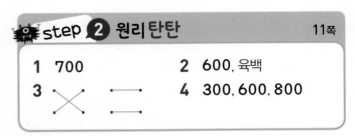　　　4 300, 600, 800

2 100이 6개이면 600입니다. 600은 육백이라고
　　읽습니다.

---

step 3 원리 척척　　　　　　12~13쪽

1 2, 200　　　　　2 3, 300

3 5, 500　　　　　4 8, 800

5 7, 700　　　　　6 9, 900

7 200, 이백　　　8 300, 삼백

9 500, 오백　　　10 600, 육백

11 800, 팔백　　　12 4

13 100　　　　　　14 8

15 900

---

step 1 원리 꼼꼼　　　　　　14쪽

원리확인 ❶ (1) 3, 6, 2　　　(2) 362

원리확인 ❷ (1) 백, 500　　　(2) 십, 90

　　　　　　(3) 일, 3

---

step 2 원리 탄탄　　　　　　15쪽

1 237원　　　　　2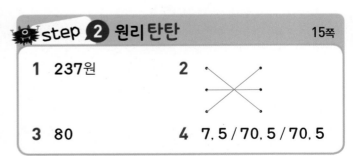

3 80　　　　　　 4 7, 5 / 70, 5 / 70, 5

1 100원짜리 동전이 **2**개, 10원짜리 동전이 **3**개, 1원짜리 동전이 **7**개이므로 **237**원입니다.

3 8은 십의 자리 숫자이고, **80**을 나타냅니다.

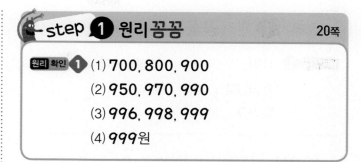

원리 확인 **1** (1) **700, 800, 900**
          (2) **950, 970, 990**
          (3) **996, 998, 999**
          (4) **999**원

1 (1) **100**씩 뛰어서 세어 봅니다.
   (2) **10**씩 뛰어서 세어 봅니다.
   (3) **1**씩 뛰어서 세어 봅니다.

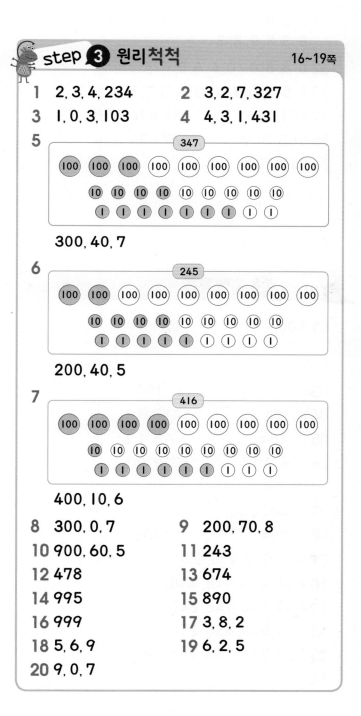

1 2, 3, 4, 234   **2** 3, 2, 7, 327
3 1, 0, 3, 103   **4** 4, 3, 1, 431
5

347

300, 40, 7

6

245

200, 40, 5

7

416

400, 10, 6

8 300, 0, 7   **9** 200, 70, 8
10 900, 60, 5   **11** 243
12 478   **13** 674
14 995   **15** 890
16 999   **17** 3, 8, 2
18 5, 6, 9   **19** 6, 2, 5
20 9, 0, 7

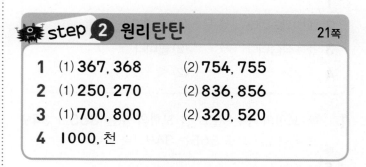

1 (1) **367, 368**   (2) **754, 755**
2 (1) **250, 270**   (2) **836, 856**
3 (1) **700, 800**   (2) **320, 520**
4 **1000, 천**

1 400, 600, 700   **2** 520, 720, 920
3 282, 482, 682
4 250, 450, 650, 850
5 575, 675, 875, 975
6 305, 505, 705, 905
7 349, 549, 749, 849
8 394, 694, 794, 994
9 465, 565, 865   **10** 299, 499, 699
11 255, 275   **12** 360, 370, 400
13 667, 697, 707   **14** 452, 462, 472
15 806, 816, 836   **16** 173, 174, 177
17 699, 700, 703   **18** 994, 996, 999
19 1, 10, 100

원리 확인 ① (1) 백   (2) 많습니다

(3) 큽니다   (4) >

(5) 현규

1 (5) 216>158이므로 현규가 구슬을 더 많이 가지고 있습니다.

1 >

2 (1) 작습니다   (2) 큽니다

3 (1) 작습니다   (2) 큽니다

4 (1) >   (2) <

1 백 모형의 수는 같고 십 모형의 수는 365가 349 보다 더 많으므로 365는 349보다 큽니다.

2 (1) 백 모형의 수와 십 모형의 수가 각각 같고 일 모형의 수는 246이 248보다 더 적으므로 246은 248보다 작습니다.

4 (1) ●는 ▲보다 큽니다. ➡ ●>▲

(2) ■는 ▲보다 작습니다. ➡ ■<▲

1 >		**2** >	
3 <		**4** <	
5 >		**6** <	
7 >		**8** <	
9 >		**10** >	
11 <		**12** >	
13 <		**14** >	
15 437		**16** 710	

17 492		**18** 801	
19 821		**20** 697	
21 670		**22** 900	
23 254		**24** 485	
25 541		**26** 523	
27 916		**28** 589	

29 3, 2 / 3, 1 / 2, 1

30 6, 7, 4, 7, 6 / 4, 7, 6, 7, 4 / 4, 6, 7, 6, 4

31 3, 8, 9, 3, 9, 8 / 8, 3, 9, 8, 9, 3 / 9, 3, 8, 9, 8, 3

32 0, 6, 6, 0 / 0, 4, 4, 0

33 5, 0, 7, 5, 7, 0 / 7, 0, 5, 7, 5, 0

34 651, 156   **35** 874, 478

36 963, 369   **37** 430, 304

38 910, 109

01 400   **02**

03 (1) 7   (2) 100

04 (1) 팔백   (2) 육백

05 (1) 264   (2) 5, 1, 6

06 (1) 4, 400   (2) 9, 90

(3) 2, 2

07 (1) 육백오십칠   (2) 구백오

08 (1) 294   (2) 306

09 916, 917, 918, 920

10 458, 468, 478, 488

11 440, 540, 740, 840

12 850, 550, 450, 350

13 783, 784, 785, 786, 787

14 <

15 (1) 큽니다.　　　　　　(2) 작습니다.

16 ○표-627, △표-598

17 1, 2, 3

14 434<443
　　└3<4┘

16 627>619>598이므로 가장 큰 수는 627이고,
　　가장 작은 수는 598입니다.

16 보이지 않는 곳에 0이나 9를 넣어 봅니다.

17 일모형 17개는 십모형 1개와 일모형 7개로 나타낼
　　수 있습니다.

🐿 단원평가 　　　　　　32~34쪽

01 (1) 100, 백　　　　　　(2) 6, 육백

02 (1) 927　　　　　　　(2) 7, 3, 6

03 (1) 오백구십일　　　　(2) 구백십

04 (1) 626　　　　　　　(2) 809

05 (1) 백, 600　　　　　(2) 십, 70

06 (1) 309, 390, 903, 930
　　(2) 405, 450, 504, 540

07 440, 441, 443　　**08** 570, 600, 620

09 586, 686, 786, 986

10 791, 800, 890　　**11** 411, 402, 312

12 1000, 천

13 (1) >　　　　　　　(2) <

14 398, 399, 400

15 770, 771, 772, 773, 774

16 (1) >　　　　　　　(2) <

17 (1) 628　619　631
　　(2) 725　914　803

18 764, 467　　　　**19** 850, 508

20 3

13 (2) 백의 자리 숫자가 같으므로 십의 자리 숫자의
　　크기를 비교합니다.

2. 여러 가지 도형

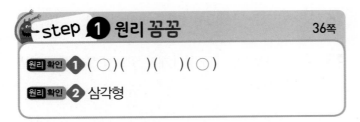

원리 확인 **1** (○)(   )(   )(○)

원리 확인 **2** 삼각형

1 **3**개의 곧은 선으로 둘러싸인 도형을 삼각형이라고 합니다.

2 **3**개의 곧은 선으로 둘러싸인 도형이므로 삼각형입니다.

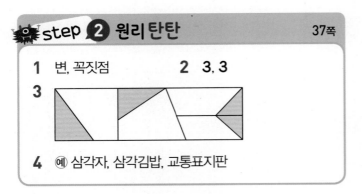

1 변, 꼭짓점   **2** **3**, **3**

3

4 예 삼각자, 삼각김밥, 교통표지판

3 곧은 선 **3**개로 둘러싸인 도형을 찾아 색칠합니다.

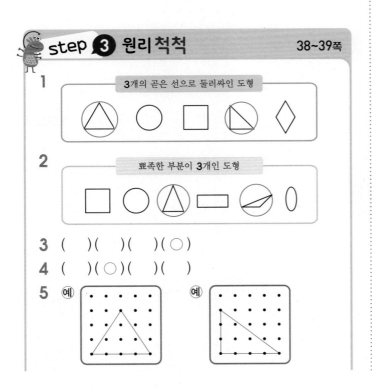

1

3개의 곧은 선으로 둘러싸인 도형

2

뾰족한 부분이 **3**개인 도형

3 (   )(   )(   )(○)

4 (   )(○)(   )(   )

5 예

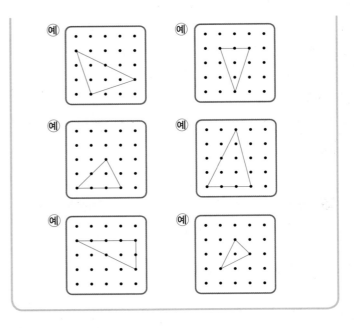

예   예

예   예

예   예

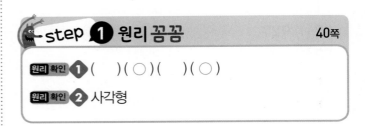

원리 확인 **1** (   )(○)(   )(○)

원리 확인 **2** 사각형

1 **4**개의 곧은 선으로 둘러싸인 도형을 사각형이라고 합니다.

2 **4**개의 곧은 선으로 둘러싸인 도형이므로 사각형입니다.

1

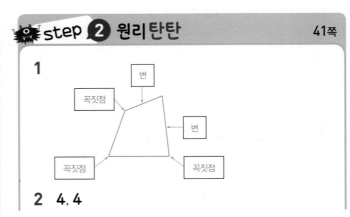

변

꼭짓점

변

꼭짓점   꼭짓점

2 **4**, **4**

3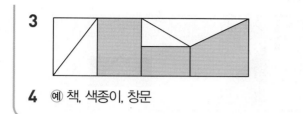

4 예 책, 색종이, 창문

2 도형을 둘러싸고 있는 곧은 선을 변이라 하고, 두 변이 만나는 점을 꼭짓점이라고 합니다.

3 곧은 선 **4**개로 둘러싸인 도형을 찾아 색칠합니다.

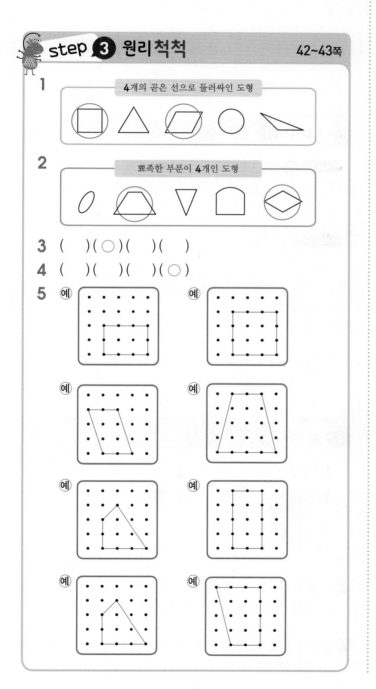

step ③ 원리척척 42~43쪽

1
> 4개의 곧은 선으로 둘러싸인 도형

2
> 뾰족한 부분이 4개인 도형

3 ( )(○)( )( )

4 ( )( )( )(○)

5 예

---

step ① 원리꼼꼼 44쪽

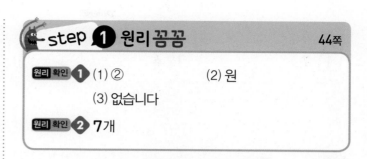

원리 확인 ❶ (1) ②   (2) 원

             (3) 없습니다

원리 확인 ❷ **7**개

step ② 원리탄탄 45쪽

1 가, 바, 자

2 **18**개

3 예 깡통, 물병, 컵

2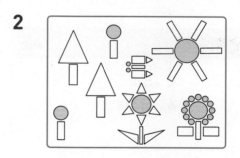

3 생활 주변에서 원 모양이 들어 있는 물건들은 깡통, 물병, 컵, 화분, 두루마리 휴지, … 등이 있습니다.

step ③ 원리척척 46~47쪽

1 ( )(○)( )( )

2 나, 라

3 ( )( )( )(○)

4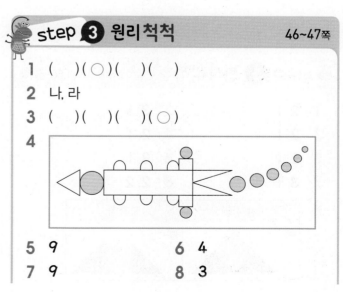

5 **9**   **6** **4**

7 **9**   **8** **3**

9	4	10	6
11	7	12	4

step ① 원리 꼼꼼   48쪽

원리 확인 ① (1) ㉠, ㉡, ㉣, ㉂, ㉄ / ㉢, ㉤

(2)
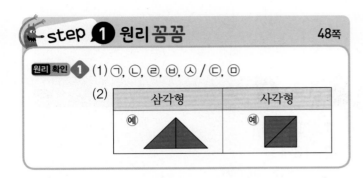

삼각형	사각형
예	예

step ② 원리 탄탄   49쪽

1   사각형   2   5개

3   2개   4   삼각형

5   초록색

6   예
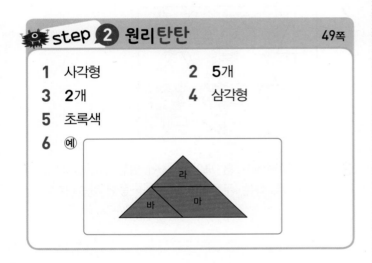

step ③ 원리 척척   50~51쪽

1   2, 1   2   3, 1

3   2, 1   4   2, 1

5   2, 1   6   3, 1

7   3, 1   8   2, 2

9
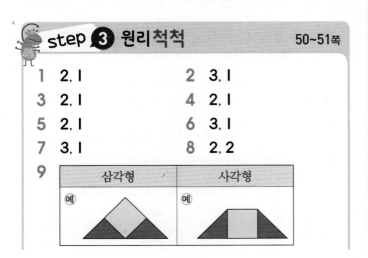

삼각형	사각형
예	예

10
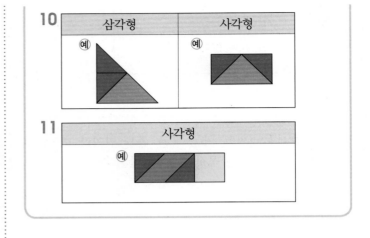

삼각형	사각형
예	예

11
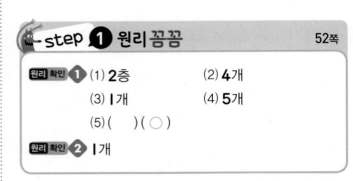

사각형
예

step ① 원리 꼼꼼   52쪽

원리 확인 ① (1) 2층   (2) 4개

(3) 1개   (4) 5개

(5) (   ) (◯)

원리 확인 ② 1개

2   오른쪽 쌓기나무의 2층의 왼쪽에 쌓기나무를 1개 더 놓아야 합니다.

step ② 원리 탄탄   53쪽

1   은영   2   ㉠

3      4   5개

2   쌓기나무를 이용하여 주어진 모양과 똑같은 모양을 직접 만들어 보도록 합니다.

4   1층에 4개, 2층에 1개이므로 쌓기나무는 모두 5개 필요합니다.

step ❸ 원리척척 54~55쪽

1 ㉠		**2** ㉡	
3 ㉢		**4** ㉠	
5 ㉢		**6** ㉣	
7 ㉡			

8 (1)   (2)

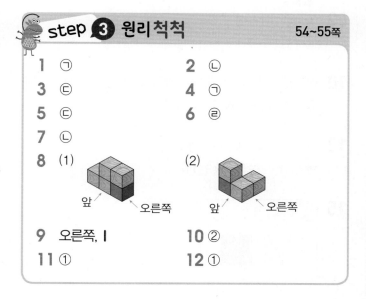

9 오른쪽, 1   **10** ②
11 ①   **12** ①

step ❶ 원리꼼꼼 56쪽

원리확인❶ 3개

원리확인❷ 4개

원리확인❸ 5개

1 쌓기나무 **3**개로 계단을 생각하며 만든 것입니다.

2 쌓기나무 **4**개로 건물을 생각하며 만든 것입니다.

3 쌓기나무 **5**개로 알파벳 'U'자를 생각하며 만든 것입니다.

step ❷ 원리탄탄 57쪽

1 (   )(○)   **2** (○)(   )
3 마   **4** 가, 라

1 왼쪽은 쌓기나무 **3**개로 쌓은 것이고, 오른쪽은 쌓기나무 **4**개로 쌓은 것입니다.

2 빌딩 모양을 생각하며 만든 것을 찾습니다.

3 가 : **4**개, 나 : **5**개, 다 : **6**개, 라 : **4**개, 마 : **3**개, 바 : **5**개

step ❸ 원리척척 58~59쪽

1 왼쪽, 오른쪽		**2** 앞	
3 왼쪽		**4** 위	

5 (1) 영수   (2) 석기
   (3) 동민   (4) 신영

6 (1) ㉣, ㉤   (2) ㉢, ㉣, ㉦
   (3) ㉠, ㉡, ㉧

5
영수 1층 : **2**개, 2층 : **1**개 ➡ **3**개
동민 1층 : **3**개, 2층 : **2**개 ➡ **5**개
석기 1층 : **3**개, 2층 : **1**개 ➡ **4**개
신영 1층 : **6**개 ➡ **6**개

step ❹ 유형콕콕 60~61쪽

01 ㉡, ㉣		**02** ㉠, ㉢	
03 ㉠, ㉣		**04** 6개	
05 가, 다, 마, 바, 자		**06** 5, 8, 9	
07 ㉢		**08**	
09 ㉠, ㉤		**10** 3개	
11 ㉡, ㉣, ㉤		**12** ②	
13 8개		**14** ②	

03 동그란 모양의 도형을 찾습니다.

11 ㉠ I층 : 4개, 2층 : I개 ➡ 5개
　 ㉡ I층 : 3개, 2층 : I개 ➡ 4개
　 ㉢ I층 : 4개, 2층 : I개 ➡ 5개
　 ㉣ I층 : 3개, 2층 : I개 ➡ 4개
　 ㉤ I층 : 3개, 2층 : I개 ➡ 4개
　 ㉥ I층 : 4개, 2층 : I개 ➡ 5개

12 ② I층 : 4개, 2층 : I개 ➡ 5개

13 I층 : 5개, 2층 : 2개, 3층 : I개 ➡ 8개

14 ① 6개 ② 7개 ③ 5개 ④ 6개

02 ①, ③ : 삼각형
　 ⑤ : 원

10 삼각형은 변과 꼭짓점이 각각 **3**개씩, 사각형은 변과 꼭짓점이 각각 **4**개씩입니다.

13 ㉠=3+3=6, ㉡=4
　 ➡ ㉠+㉡=6+4=10

15
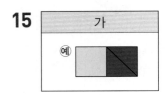

17 I층 : 5개, 2층 : I개 ➡ 6개

🐰 단원평가　　　　62~64쪽

01 삼각형　　　　　**02** ②, ④
03 ①, ⑤　　　　　**04** 원
05 ③, ⑦　　　　　**06** ④, ⑤
07 ①, ⑧　　　　　**08** 3개, 6개, 5개
09 꼭짓점, 변　　　**10** 3, 3 / 4, 4
11 예）

12 ③, ⑤　　　　　**13** I0
14 5, 2
15 나　　　　　　　**16** (　)(○)(　)
17 6개
18　　　　　　　　**19**
앞　　오른쪽　　　　앞　　오른쪽
20

3. 덧셈과 뺄셈

원리 확인 ① (1) 1, 3, 3, 33   (2) 33

1   30, 31, 32, 33 / 33

2

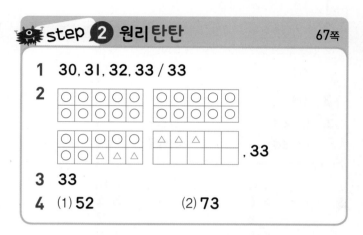

, 33

3   33

4   (1) 52   (2) 73

1   22, 23 / 23

2   25

3   42   4   34

5   22   6   32

7   41   8   51

9   55   10   63

11   68   12   71

13   81   14   23

15   32   16   41

17   51   18   53

19   62

원리 확인 ① 41

---

1   일 모형 6개와 일 모형 5개를 더하면 십 모형 1개와 일 모형 1개가 됩니다.
따라서 16에 25를 더하면 십 모형 4개와 일 모형 1개가 되므로 16+25=41입니다.

1   (1) 48, 52   (2) 40, 52
      (3) 12, 52

2   1, 1 / 1, 141

3   (1) 1, 75   (2) 1, 162

1   67, 75   2   40, 62

3   70, 11, 81   4   83, 91

5   60, 80   6   15, 50, 65

7   5, 76, 5, 81   8   5, 79, 5, 84

9   50, 30, 50, 80   10   11, 70, 11, 81

11   6, 7, 13, 83   12   7, 8, 15, 65

13   42   14   61

15   85   16   75

17   91   18   97

19   63   20   95

21   92   22   67

23   85   24   94

25   83   26   95

27   92

원리 확인 ① (1) 126   (2) 123

1 (1) 십 모형 **10**개를 백 모형 **1**개로 바꾸면 백 모형
1개, 십 모형 **2**개, 일 모형 **6**개가 되므로
62+64=126입니다.

1 (2) **35－8＝27**(장)

step 2 원리탄탄 75쪽

1 (1) 5 / 1, 2, 5 / 1, 1, 2, 5
(2) 1, 7 / 1, 1, 2, 7 / 1, 1, 2, 7

2 (1) 1, 126 (2) 1, 117
(3) 1, 1, 105 (4) 1, 1, 154

3 (1) 119 (2) 130
(3) 129 (4) 140

step 2 원리탄탄 79쪽

1 18, 19, 20, 18
2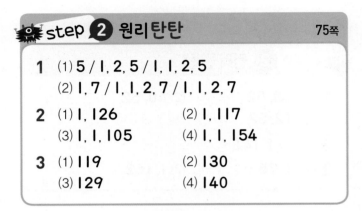
18

3 18

4 (1) 28 (2) 69
(3) 38 (4) 47

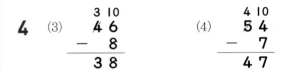

4 (3)
$$\begin{array}{r} \overset{3}{\cancel{4}}\overset{10}{6} \\ -\quad 8 \\ \hline 3\;8 \end{array}$$
(4)
$$\begin{array}{r} \overset{4}{\cancel{5}}\overset{10}{4} \\ -\quad 7 \\ \hline 4\;7 \end{array}$$

step 3 원리척척 76~77쪽

1	112	2	115
3	106	4	119
5	136	6	109
7	129	8	109
9	115	10	104
11	126	12	136
13	124	14	164
15	183	16	129
17	175	18	117
19	129	20	135
21	139	22	134
23	163	24	130
25	154	26	137
27	181	28	144
29	195		

step 3 원리척척 80~81쪽

1 9, 10, 11 / 9
2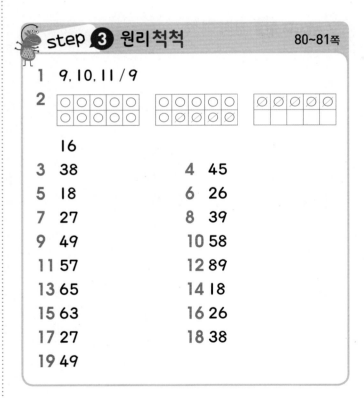
16

3	38	4	45
5	18	6	26
7	27	8	39
9	49	10	58
11	57	12	89
13	65	14	18
15	63	16	26
17	27	18	38
19	49		

step 1 원리꼼꼼 78쪽

원리 확인 **1** (1) 15, 15, 7, 2, 27 (2) 27

step 1 원리꼼꼼 82쪽

원리 확인 **1** 25

step ② 원리탄탄　83쪽

1 (1) 30, 21　　(2) 51, 30, 21
　　(3) 20, 1, 21
2 5, 10, 3 / 5, 10, 33
3 (1) 22　　(2) 26

step ③ 원리척척　84~85쪽

1 20, 16　　　　**2** 53, 23
3 30, 32　　　　**4** 50, 44
5 78, 38　　　　**6** 50, 52
7 7, 60, 7, 53　　**8** 4, 40, 4, 36
9 20, 71, 20, 51　**10** 3, 30, 3, 33
11 30, 67, 30, 37　**12** 40, 83, 40, 43
13 15　　　　　**14** 32
15 19　　　　　**16** 36
17 6　　　　　**18** 21
19 8　　　　　**20** 39
21 16　　　　　**22** 14
23 11　　　　　**24** 13
25 18　　　　　**26** 21
27 46

step ① 원리꼼꼼　86쪽

원리 확인 ① (1) 8, 8, 38　　(2) 38

1 (2) 54－16＝38(개)

step ② 원리탄탄　87쪽

1 28　　　　**2** 4, 10, 5 / 4, 10, 15
3 (1) 5, 10, 11　　(2) 7, 10, 28
4 (1) 29　　　(2) 36

1 십 모형 1개를 일 모형 10개로 바꾸어 일 모형 15개에서 일 모형 7개를 덜어 내면 일 모형 8개가 남습니다. 따라서 45에서 17을 빼면 십 모형 2개와 일 모형 8개이므로 45－17＝28입니다.

step ③ 원리척척　88~89쪽

1 24　　　　**2** 29
3 38　　　　**4** 29
5 18　　　　**6** 58
7 48　　　　**8** 37
9 36　　　　**10** 24
11 45　　　　**12** 15
13 59　　　　**14** 37
15 25　　　　**16** 17
17 39　　　　**18** 33
19 39　　　　**20** 55
21 56　　　　**22** 16
23 19　　　　**24** 59
25 4　　　　**26** 63
27 65　　　　**28** 28
29 45

step ① 원리꼼꼼　90쪽

원리 확인 ① (1) 24, 18, 15　　(2) 24, 18, 42
　　(3) 42, 27
　　(4) 42, 27, 27 / 42, 42, 27
　　(5) 27명

1 24＋18－15＝27(명)

1 61, 49, 49 / 61, 61, 49
2 25 / 72, 72, 25
3 29, 53, 53 / 29, 29, 53
4 63 / 25, 25, 63

step **3** 원리척척   92~93쪽

1 53, 80, 80   **2** 62, 91, 91
3 33, 15, 15   **4** 36, 19, 19
5 62, 45, 45   **6** 85, 29, 29
7 38, 57, 57   **8** 45, 80, 80
9 76   **10** 92
11 81   **12** 90
13 7   **14** 21
15 9   **16** 15
17 32   **18** 49
19 35   **20** 53
21 53   **22** 82
23 58   **24** 72

step **1** 원리꼼꼼   94쪽

원리 확인 **1** 38, 57
원리 확인 **2** 27, 48

1 하나의 덧셈식을 **2**개의 뺄셈식으로 나타낼 수 있습니다.

2 하나의 뺄셈식을 **2**개의 덧셈식으로 나타낼 수 있습니다.

1 36 / 36, 48   **2** 62, 29 / 62, 33
3 26 / 69, 95   **4** 48, 71 / 23, 71

1 84에서 48을 빼면 36이고, 84에서 36을 빼면 48입니다.

3 69에 26을 더하면 95이고, 26에 69를 더하면 95입니다.

step **3** 원리척척   96~97쪽

1 6, 14   **2** 23, 5
3 8, 46   **4** 67, 9
5 45, 25   **6** 49, 38
7 95, 68, 27 / 95, 27, 68
8 82, 38, 44 / 82, 44, 38
9 71, 35, 36 / 71, 36, 35
10 83, 24, 59 / 83, 59, 24
11 28, 7   **12** 55, 9
13 12, 8   **14** 10, 25
15 33, 27   **16** 46, 37
17 29, 55, 84 / 55, 29, 84
18 58, 36, 94 / 36, 58, 94
19 37, 27, 64 / 27, 37, 64
20 49, 36, 85 / 36, 49, 85

step **1** 원리꼼꼼   98쪽

원리 확인 **1** (1) $7+\blacksquare=16$

(2)
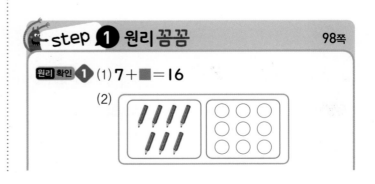

(3) **9**　　　　　　　　　(4) **9**

(5) **9**

1 (4) $7+\blacksquare=16$, $\blacksquare=16-7$, $\blacksquare=9$

1

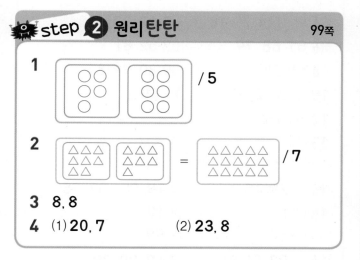

/5

2 = /7

3 8, 8

4 (1) **20, 7**　　　　(2) **23, 8**

1 ○가 **6**개에서 **11**개가 되었으므로 빈 곳에 ○를 **5**개 그리면 되므로 □ 안에 들어갈 수는 **5**입니다.

2 △가 **8**개에서 **15**개가 되었으므로 빈 곳에 △를 **7**개 그리면 되므로 □ 안에 들어갈 수는 **7**입니다.

3 **15**칸에서 몇 칸을 더 가면 **23**이 되는지 수직선에서 알아봅니다.

1	6	2	5
3	6	4	8
5	5	6	8
7	6	8	7
9	9	10	8
11	7	12	10
13	10	14	14
15	20	16	14
17	20	18	37
19	36	20	55

원리 확인 **1** (1) $12-\blacksquare=9$

(2)

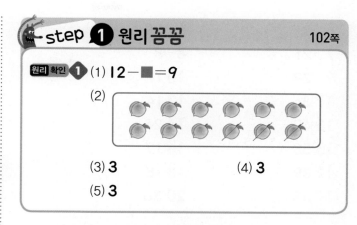

(3) **3**　　　　　　　　　(4) **3**

(5) **3**

1 (4) $12-\blacksquare=9$, $\blacksquare=12-9$, $\blacksquare=3$

1 (예)

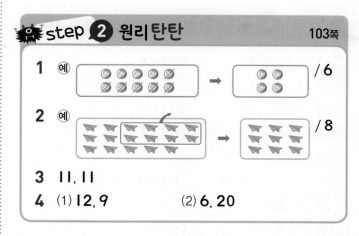

/6

2 (예) ➡ /8

3 11, 11

4 (1) **12, 9**　　　　(2) **6, 20**

1 뺀 수만큼 /으로 지워 보면 지운 것이 **6**개이므로 안에 들어갈 수는 **6**입니다.

2 종이비행기를 **8**개 덜어 내면 **9**개가 되므로 □ 안에 들어갈 수는 **8**입니다.

3 오른쪽으로 간 몇 칸에서 왼쪽으로 **7**칸 되돌아오면 **4**가 되는지 수직선에서 알아봅니다.

1	3	2	7
3	6	4	8

5 9	6 20
7 21	8 8
9 29	10 11
11 34	12 14
13 47	14 26
15 58	16 17
17 89	18 18
19 63	20 36

step 4 유형콕콕
106~107쪽

01 (1) 1 / 7, 1　　(2) 1 / 6, 1

02 11, 11, 51

03 (1) 51　　(2) 112

04 (1) 82　　(2) 120

05 72장

06 (1) 8, 10 / 8, 9　　(2) 6, 10 / 6, 4

07 23, 23

08 (1) 16　　(2) 48

09 37개

10 44 / 71, 71, 44(계산 순서대로)

11 (1) 26　　(2) 35

12 (1) 49　　(2) 61

13 35, 42　　14 15, 6

15 18, 25　　16 ㉡, ㉢, ㉠

07 보기 는 빼어지는 수와 빼는 수에 각각 같은 수를
더하여 (몇십 몇)−(몇십)으로 나타내 구한 것입니다.

11 덧셈과 뺄셈이 섞여 있는 세 수의 계산은 앞에서부터
차례로 계산합니다.

16 ㉠ 2 ㉡ 11 ㉢ 8
➡ ㉡>㉢>㉠

🐰 단원평가
108~110쪽

01 (1) 32　　(2) 75

02 (1) 19　　(2) 37

03 (1) 76　　(2) 68
(3) 101　　(4) 69

04 합 : 114, 차 : 18　　05 42, 53, 64

06 57, 68, 79　　07 52, 81

08 65, 29　　09 30, 79, 86

10 2, 33, 2, 35　　11 45개

12 16마리

13 (1) <　　(2) <
(3) >

14 (1) 29, 48　　(2) 18, 55 / 37, 55

15 (1) 17　　(2) 19
(3) 33　　(4) 99

16 (1) 53, 81, 81　　(2) 47, 29, 29
(3) 91, 44, 44　　(4) 56, 80, 80

17 (1) 80　　(2) 17
(3) 58　　(4) 66

18 (1) 90　　(2) 38
(3) 59　　(4) 74

19 (1) <　　(2) >

20 36, 17, 34

04 66+48=114, 66−48=18

11 28+17=45(개)

12 32−16=16(마리)

18 (1) 23+19+48=42+48=90
(2) 90−35−17=55−17=38
(3) 48+29−18=77−18=59
(4) 62−27+39=35+39=74

19 (1) 52+39−27=91−27=64
(2) 71−28+47=43+47=90

20 세 수의 일의 자리 숫자의 합이 7인 세 수를 찾으면
(36, 17, 34), (46, 17, 34)입니다. 이 중 합이
87이 되는 세 수는 36, 17, 34입니다.

4. 길이 재기

원리 확인 ① 9

원리 확인 ② 5

2 책꽂이의 긴 쪽은 뼘으로 **5**번 재었습니다.

1	양팔	**2**	2번
3	4번	**4**	3뼘

1 허리둘레는 펼쳐진 길이가 아니므로 단위로 사용하기에는 알맞지 않습니다.

2 통나무의 길이는 발걸음으로 **2**번 재었습니다.

3 게시판의 긴 쪽의 길이는 양팔의 길이로 **4**번 재었습니다.

4 의자의 다리의 길이는 뼘으로 **3**번 재었습니다.

1	4	**2**	2
3	9	**4**	3
5	2	**6**	4
7	5	**8**	8
9	6	**10**	3, 5

11 4, 8

12 ├─┼─┼─┼╌╌╌┼╌╌╌┼╌╌╌┼─┤

13 ├─┼─┼─┼─┼╌╌╌┼╌╌╌┼─┤

14 ├─┼─┼─┼─┼─┼╌╌╌┼╌╌╌┤

15	4, 3	**16**	3, 2
17	4, 5	**18**	9, 11, 4

원리 확인 ① (1) 같습니다

         (2) 1 cm, 1 센티미터

원리 확인 ② (1) 3   (2) 8

1 1cm

2	(1) 2		(2) 7
3	(1) 5		(2) 5
4	3		

3 ⑵ 자의 큰 눈금 **5**칸의 길이는 1 cm로 **5**번이므로 **5** cm입니다.

4 자의 큰 눈금 **3**칸이므로 **3** cm입니다.

1	1, 1센티미터	**2**	4, 4
3	6, 6	**4**	7, 7
5	8, 8	**6**	( )( )(○)
7	3	**8**	3
9	5	**10**	8
11	13	**12**	4
13	5	**14**	12

step ① 원리꼼꼼 122쪽

원리확인 ① (1) 약 **9** cm (2) **9** cm
원리확인 ② (1) 예 **5** (2) 예 **7**

2 어림한 길이를 말할 때에는 약 □ cm라고 합니다.

step ② 원리탄탄 123쪽

1 5
2 예 6, 6
3 예 8, 8
4 생략

step ③ 원리척척 124~125쪽

1 5 **2** 5
3 7 **4** 4
5 11 **6** 10
7 예 2, 2 **8** 예 3, 3
9 예 5, 5 **10** 예 4, 4
11 예 8, 8 **12** 예 13, 13

step ④ 유형콕콕 126~127쪽

01 4
02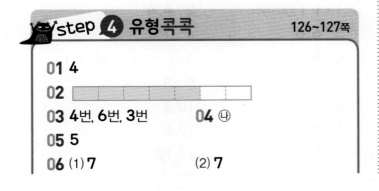
03 4번, 6번, 3번 **04** ㉴
05 5
06 (1) 7 (2) 7

07 6 cm **08** 8 cm
09 4, 11 **10** 7 cm
11 ③
12 (1) 4 (2) 6
13

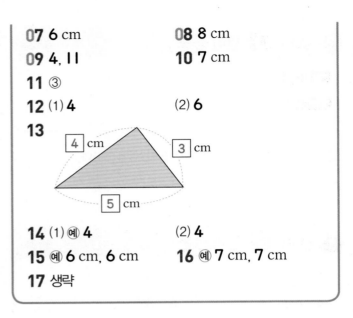

14 (1) 예 4 (2) 4
15 예 6 cm, 6 cm **16** 예 7 cm, 7 cm
17 생략

단원평가 128~130쪽

01 5 **02** 10
03 (1) 4 (2) 7
04
05
06 5, 4
07

5cm

08 (1) 7 (2) 5
09 (1) 9번 (2) 9 cm
10 2 **11** 3
12 4 **13** 4
14

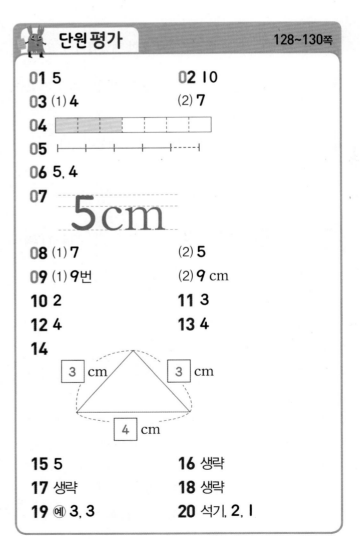

15 5 **16** 생략
17 생략 **18** 생략
19 예 3, 3 **20** 석기, 2, 1

5. 분류하기

step 1 원리 꼼꼼 · 132쪽

원리 확인 1 (1) (○) (　)

(2) 지우개, 주사위 / 풀, 저금통 / 지구본, 구슬

1 (1) 모양은 ▨, ▨, ● 모양으로 분류할 수 있으나 색깔은 분류 기준이 분명하지 않습니다.

step 2 원리 탄탄 · 133쪽

1 (1) (○) (　)

(2) 수학, 즐거운 생활, 슬기로운 생활, 바른 생활

2 (1) (　) (○)

(2) 강아지, 토끼, 코끼리

step 3 원리 척척 · 134~135쪽

1 (1) (　) (○)

(2) 사과, 딸기, 포도, 수박

2 양파, 토마토, 피망, 당근

3 (1) ②, ⑤, ⑨, ⑫ / ①, ④, ⑧, ⑪ / ③, ⑥, ⑦, ⑩

(2) ②, ⑤, ⑦, ⑩ / ①, ④, ⑨, ⑫ / ③, ⑥, ⑧, ⑪

4 (1) ④, ⑤, ⑧, ⑬ / ①, ②, ⑥, ⑦, ⑩, ⑫ / ③, ⑨, ⑪, ⑭

(2) ①, ④, ⑥, ⑧, ⑫, ⑭ / ②, ⑦, ⑩ / ③, ⑤, ⑨, ⑪, ⑬

(3) ④, ⑧

2 같은 채소의 이름을 반복해서 쓰지 않도록 ∨ 표시나 × 표시를 하면서 찾습니다.

step 1 원리 꼼꼼 · 136쪽

원리 확인 1 (1)

운동 종목	야구	축구	농구	수영	스키
세면서 표시하기	////／	///	//	///	///
카드 수(장)	5	3	2	3	3

(2)

운동 종목	공을 사용하는 운동	공을 사용하지 않는 운동
세면서 표시하기	////／ ////／	////／ /
카드 수(장)	10	6

1 (2) 공을 사용하는 운동은 야구, 축구, 농구이고 공을 사용하지 않는 운동은 수영, 스키입니다.

step 2 원리 탄탄 · 137쪽

1

색깔	빨간색	노란색	초록색	주황색	파란색
세면서 표시하기	//	///	//	//	///
학생 수(명)	2	3	2	2	3

2

과일	귤	사과	딸기	포도
세면서 표시하기	///	//	///	//
학생 수(명)	3	2	3	2

step 3 원리 척척 · 138~139쪽

1 2, 3, 1, 2　　**2** 5, 2, 3

3 6, 5, 1, 4, 2　　**4** 8개, 2장

5 6개, 2개, 2장　　**6** 5, 6, 7

7 6, 5, 7　　**8** 8, 6, 4

step 1 원리 꼼꼼 · 140쪽

원리 확인 1

놀이 기구	우주 관람차	바이킹	회전목마	급류타기
세면서 표시하기				
학생 수(명)	2	3	4	3

원리 확인 2 회전목마

2 학생 수가 가장 많은 놀이 기구는 회전목마입니다.

step 2 원리 탄탄 · 141쪽

1 아쿠아리움, 방송국 / 6, 5, 4, 5

2 경복궁　　3 1명

step **3** 원리 척척   142~143쪽

1 딸기, 배

2 딸기, 귤, 사과, 배

3 11, 8, 12

4 비 온 날

5 예 한 달 동안의 날씨를 분류하면 맑은 날, 흐린 날, 비 온 날 중 어떤 날이 가장 많았는지 알 수 있습니다.

6 고양이, 토끼, 원숭이, 사자 / 4, 6, 2, 3, 1

7 고양이

8 4명

9 고양이, 강아지, 원숭이, 토끼, 사자

step **4** 유형 콕콕   144~145쪽

01 당근, 가지, 호박

02 (   )(   )
(×)

03 3, 5, 4, 3

04

모양	△	♥	●	■
세면서 표시하기	//	///	//	////
단추 수(개)	2	3	2	5

05 3, 10, 2, 5

06 여름

07 2명

08 11, 10, 4, 5

09 (   )(   )(○)(   )

10 6일

09 분류하여 센 것을 보면 날수가 가장 많은 날씨와 가장 적은 날씨를 쉽게 알 수 있습니다.

단원 평가   146~148쪽

01 영수, 한별

02 초록색, 빨간색, 파란색, 보라색

03 수박, 포도, 사과, 딸기, 바나나

04 색깔

05 가, 나, 다, 라, 마 / A, B, C, D, E

06 5, 4, 3, 4

07 강아지

08 배

09 배, 비행기, 기차, 자전거

10 4가지

11 효근, 상민, 지연

12

장래 희망	선생님	의사	연예인	과학자	운동 선수
수(명)	5	4	6	2	3

13 연예인

14 3명

15 5, 4, 3, 4

16 9, 3, 4

17 4, 5, 2, 3, 2

18 4, 3, 3, 2

19

색깔	빨간색	파란색	연두색
개수(개)	4	5	3

20 파란색

04 좋아하는 것은 사람마다 다르기 때문에 기준이 될 수 없습니다.

09 친구들이 타고 싶어 하는 것의 이름을 적어 분류하면 기차, 비행기, 자전거, 배로 모두 **4**가지입니다.

19 색깔에 따라 빨간색, 파란색, 연두색으로 분류할 수 있습니다.

20 위 **19**의 표에서 **4, 5, 3** 중 가장 큰 수는 **5**이므로 가장 많이 있는 블록의 색깔은 파란색입니다.

6. 곱셈

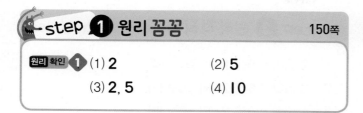

step 1 원리 꼼꼼   150쪽

원리 확인 1 (1) 2   (2) 5
        (3) 2, 5   (4) 10

step 2 원리 탄탄   151쪽

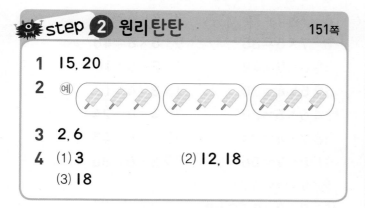

1 15, 20
2 예
3 2, 6
4 (1) 3   (2) 12, 18
     (3) 18

2 아이스크림을 3개씩 묶어 보면 3묶음입니다.

4 (3) 6씩 3번 뛰어 세면 6－12－18이므로 사탕은 모두 18개입니다.

step 3 원리 척척   152~153쪽

1 4, 6   **2** 3, 6, 9
3 8, 12, 16   **4** 12, 18, 24, 30
5 4, 6, 8, 10   **6** 6, 9, 12, 15
7 8, 12, 16, 20   **8** 10, 15, 20, 25
9 12, 18, 24, 30   **10** 14, 21, 28, 35

step 1 원리 꼼꼼   154쪽

원리 확인 1 (1) 5   (2) 5
원리 확인 2 (1) 6   (2) 6

step 2 원리 탄탄   155쪽

1 3
2 (1) 3   (2) 6
3 5, 5
4 [●● ●● ●●]

3 4씩 5묶음은 4의 5배입니다.

4 ●●의 3배이므로 ●●를 3번 그리면 됩니다.

step 3 원리 척척   156~157쪽

1 5, 5   **2** 4, 4
3 3, 3   **4** 4, 4
5 6, 6   **6** 2
7 3   **8** 4
9 3   **10** 6
11 5

step 1 원리 꼼꼼   158쪽

원리 확인 1 (1) 4   (2) 4
        (3) 4
원리 확인 2 (1) 5   (2) 6, 6, 6, 6, 5

step 2 원리 탄탄   159쪽

1 7, 곱하기
2 (1) 6   (2) 5, 5, 5, 5, 5, 6
3 3, 3   **4** 8

3 9씩 3묶음은 9의 3배입니다. 9의 3배를 9×3이라고 쓴니다.

1 4, 3, 4, 3 2 4, 3, 4
3 4, 5, 4 4 8, 2, 8, 2
5 9, 3, 9, 3 6 5, 3
7 6, 3 8 2, 6
9 4, 4 10 5, 5

step 1 원리꼼꼼 · 162쪽

원리 확인 1 (1) 5 (2) 5
(3) 5, 45 (4) 45
원리 확인 2 (1) 7, 7, 21 (2) 3, 21

2 $7+7+7=21 \Rightarrow 7 \times 3 = 21$

step 2 원리탄탄 · 163쪽

1 4, 7, 28 / 7, 28 / 4, 7, 28
2 3, 3, 3, 3, 3, 18, 6, 18
3 3, 15
4 (1) 5, 40 (2) 4, 24
(3) 7, 14

2 3개씩 6묶음은 18개입니다. 이것을 덧셈식으로 나타내면 $3+3+3+3+3+3=18$이고, 곱셈식으로 나타내면 $3 \times 6 = 18$입니다.

3 $5+5+5=15 \Rightarrow 5 \times 3 = 15$

step 3 원리척척 · 164~169쪽

1 2 곱하기 5는 10과 같습니다.
2 3 곱하기 8은 24와 같습니다.
3 4 곱하기 6은 24와 같습니다.
4 5 곱하기 4는 20과 같습니다.
5 7 곱하기 8은 56과 같습니다.
6 $2 \times 7 = 14$ 7 $8 \times 4 = 32$
8 $7 \times 5 = 35$ 9 $5 \times 8 = 40$
10 $6 \times 7 = 42$ 11 $2 \times 5 = 10$
12 $5 \times 4 = 20$ 13 $3 \times 4 = 12$
14 $6 \times 5 = 30$ 15 $4 \times 6 = 24$
16 $7 \times 4 = 28$ 17 $9 \times 5 = 45$
18 $8 \times 7 = 56$ 19 $6 \times 6 = 36$
20 $7 \times 7 = 49$
21 $2+2+2+2=8$
22 $3+3+3+3+3+3+3=21$
23 $5+5+5+5+5=25$
24 $6+6+6+6+6=30$
25 $4+4+4+4+4+4+4=28$
26 $8+8+8+8=32$
27 $7+7+7+7+7+7=42$
28 $9+9+9+9+9+9+9=63$
29 $3+3+3+3+3+3+3+3=24$
30 $9+9+9+9+9=45$
31 $6+6+6=18, 6 \times 3 = 18$
32 $2+2+2+2+2+2=12, 2 \times 6 = 12$
33 $3+3+3+3+3=15, 3 \times 5 = 15$
34 $5+5+5+5+5+5=30, 5 \times 6 = 30$
35 $7+7+7+7+7=35, 7 \times 5 = 35$
36 $8+8+8+8+8+8=48, 8 \times 6 = 48$
37 $9+9+9+9=36, 9 \times 4 = 36$
38 $6+6+6+6+6+6+6=42, 6 \times 7 = 42$
39 3, 6 40 3, 12
41 2, 10 42 3, 4, 12
43 8, 2, 16 44 2, 6 / 3, 6
45 4, 20 / 5, 20

46 8, 16 / 4, 16 / 2, 16

47 3, 24 / 4, 24 / 6, 24 / 8, 24

48 6, 2, 12 / 4, 3, 12 / 3, 4, 12 / 2, 6, 12

step ④ 유형콕콕
170~171쪽

01 4, 3　　　　　　**02** 5묶음

03 2묶음

04 5, 6, 15, 20, 25, 30, 30

05 6, 6, 12

06 (1) 6　　　　　　(2) 5

07 3, 24

08 3, 6, 3, 3, 3, 3, 3, 3, 6

09 6, 4, 24, 6, 4, 24, 6 곱하기 4, 24

10 (1) 5×4=20　　　(2) 3×5=15
　　(3) 6×3=18　　　(5) 7×4=28

11 12개

12 9, 18 / 6, 18 / 3, 18 / 2, 18

13 (1) 35개　　　　　(2) 21개
　　(3) 14개

05 2개씩 6묶음은 2의 6배입니다.
　➡ 2+2+2+2+2+2=12

07 8씩 3번 뛰어 센 것은 8의 3배입니다.
　➡ 8+8+8=24

13 (1) 7×5=35(개)
　　(2) 7×3=21(개)
　　(3) 35-21=14(개)

단원평가
172~174쪽

01 4, 6, 8　　　　　　**02** 3, 3, 9

03 (1) 4묶음　　　　　(2) 4배

04 (1) 3　　　　　　(2) 2

05
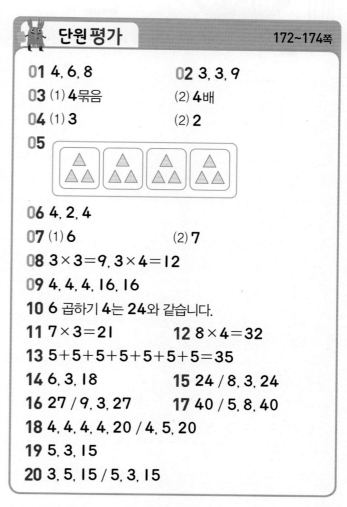

06 4, 2, 4

07 (1) 6　　　　　　(2) 7

08 3×3=9, 3×4=12

09 4, 4, 4, 16, 16

10 6 곱하기 4는 24와 같습니다.

11 7×3=21　　　　**12** 8×4=32

13 5+5+5+5+5+5+5=35

14 6, 3, 18　　　　**15** 24 / 8, 3, 24

16 27 / 9, 3, 27　　**17** 40 / 5, 8, 40

18 4, 4, 4, 4, 20 / 4, 5, 20

19 5, 3, 15

20 3, 5, 15 / 5, 3, 15

08 3의 2배, 3배, 4배는 3×2, 3×3, 3×4로 나타
냅니다.

MEMO

정답과
풀이